青少年自我完善计划

青少年自我保护手册

(第2版)

房余龙 主编

苏州大学出版社

图书在版编目(CIP)数据

青少年自我保护手册:第2版/房余龙主编. —2版. —苏州:苏州大学出版社,2012.7(2014.8重印)
(青少年自我完善计划)
ISBN 978-7-5672-0198-9

Ⅰ.①青… Ⅱ.①房… Ⅲ.①安全教育-青年读物②安全教育-少年读物 Ⅳ.①X925-49

中国版本图书馆CIP数据核字(2012)第167065号

青少年自我保护手册(第2版)　　青少年自我完善计划

主　　编　房余龙
责任编辑　刘一霖
装帧设计　吴　钰
出版发行　苏州大学出版社
地　　址　苏州市十梓街1号
邮　　编　215006
电　　话　0512-65225020　65222617(传真)
网　　址　http://www.sudapress.com
印　　刷　苏州市正林印刷有限公司
开　　本　700 mm×1 000 mm　1/16　印张14.25　字数197千
版　　次　2012年7月第2版　2014年8月第6次印刷
书　　号　ISBN 978-7-5672-0198-9
定　　价　23.40元

再版说明

1996 年,《青少年自我保护手册》甫一面世就受到社会的广泛欢迎。该书曾先后获得中华人民共和国公安部金盾图书奖二等奖、江苏省第六届优秀图书奖二等奖和第三届全国高校出版社优秀双效书奖等诸多荣誉。

时至今日,青少年自我保护仍然是社会重点关注的话题之一。教育系统一年一度开展的“安全教育日”活动,由于学校和老师缺乏相关的系统知识,难以实施内容充实且有针对性的安全教育,图书市场上又缺少内容系统全面而又具有明确针对性和实际操作性的书籍。于是,我们约请《青少年自我保护手册》的主编又一次对原书进行了修订。

本着“与时俱进”的原则,根据当前我国广大青少年安全面临的新情况、新问题,《青少年自我保护手册》(第 2 版)不仅对原版内容作了全面、认真的修改,而且选用了许多新的案例,增补了 26 个方面的内容。

《青少年自我保护手册》初版由原我社副社长吴培华策划,时任全国人民代表大会常务委员会副委员长的费孝通先生欣然为本书题词,时任江苏省教育委员会副主任的周德藩先生为本书作序。第十一届全国人大常委、著名教育家朱永新先生和原公安部治安局局长武冬立同志对本书的出版给予了热情的关心并为再版本作序。在此,我们一并表示衷心的感谢。

尽管我们为编写、修订本书尽了最大的努力,但未必尽如人意。恳望广大读者对本书提出宝贵意见,以便帮助我们今后把它修订得更好。

苏州大学出版社

2012 年 7 月

初版序

近年来,中小学生人身安全问题已成为一个社会热点,越来越受到人们的关注。根据有关方面的统计,全国近1.3亿小学生中,每年非正常死亡的比例高达万分之一;因不了解、不遵守交通规则而伤亡的未成年人中约有5000名是中小学生;因缺乏防范意识而上当受骗,被不法分子侵害、拐卖的超过10000人。由此可见,中小学生的安全工作形势十分严峻。

中共中央、国务院早在1991年2月19日就作出了《关于加强社会治安综合治理的决定》,明确指出:“根本的问题在于加强教育,特别是加强对青少年的教育,这是维护社会治安的战略性措施。”为了全面推动中小学生的安全教育工作,提高青少年的自我保护意识,大力降低各类伤亡事故的发生率,切实做好中小学生的安全保护工作,促进他们的健康成长,国家教委等部门于1995年5月13日在张家港市召开了全国中小学生安全工作会议。国家教委副主任柳斌同志在会上提出了“树立安全意识,加强安全教育,健全安全制度,落实安全措施,减少伤亡事故”的要求。国家教委、劳动部、公安部、交通部、铁道部、国家体委、卫生部在1996年3月联合发出通知,决定建立全国中小学生“安全教育日”制度,并规定每年3月份的最后一周的星期一为“安全教育日”。李岚清副总理还在今年3月24日发表电视讲话,要求各级政府和有关部门必须牢固树立“安全第一”的意识,要以对国家、民族高度负责的精神,重视对少年儿童的保护,把中小学师生的安全工作提到议事日程,将安全工作一抓到底,抓出实效。同时指出,对中小学生的安全教育是一项需要社会、学校、家庭密切配合的齐抓共管的社会系统工程,社会各界应该积极参与中小学安全教育工作，积极主动地协助学校做好每年中小学生“安全教育日”的宣传教育活动和学校的日常安全保护和防范工作。

苏州大学出版社为了配合中小学“安全教育日”活动，特地约请以房余龙为主编的公安、教育、交通、保险、卫生等各条战线具有丰富实践经验的业务骨干编写了《青少年自我保护手册》，这是一项十分有意义的工作。这本书对中小学生在日常生活和各种活动环境中的不安全因素作了较为系统的阐述，并向读者介绍了许多典型案例、防范对策、应急措施，以及如何运用法律、保险等手段进行自我保护的知识，对提高中小学生自我保护能力，提高中小学生安全水平具有积极作用。我相信，此书的出版必将有助于推动中小学生“安全教育日”宣传教育活动的全面开展。

周德藩

1996.4.6

（作者系原江苏省教育委员会副主任）

再版序一

印度洋的大海啸夺去了近30万人的生命。但是在这一天，2004年12月26日，在突发的灾难到来之前，因一名年仅12岁的英国女孩的提醒，正在海滩上的一大群人得以提前离去而幸免于难。这位名叫蒂莉的女孩，其时正与家人在泰国普吉岛的沙滩上尽情地享受美妙的阳光。突然，她发现海水冒着气泡，潮水迅速退下。这异常的情形，使她想到了在地理课上学到的知识，这是海啸即将发生的现象。因而她告知了家人，又使她所在的那个海滩的人们得以及时撤离。蒂莉的警告，拯救了众多人的生命，使她被誉为"海滩天使"。由此可见，具有一定的知识，可以在自救与救助上起到极大的作用。

学校有寒暑假，这假期使学生暂时放下了沉重的课业负担。作为家长，却有了一丝担心，因为中小学生的防范意识较差，不少犯罪分子往往趁孩子单独在家的时候，实施诈骗甚至人身侵害。

原江苏省教委副主任周德藩先生在初版序中提到，中共中央、国务院早在1991年2月19日作出的《关于加强社会综合治理的决定》中就明确指出，根本的问题在于加强教育特别是加强对青少年的教育，这是维护社会治安的战略性措施。为了切实加强对青少年的安全教育，提高青少年的自我保护意识，做好中小学生的安全保护工作，国家教委等部门于1995年5月在张家港召开了全国中小学生安全教育工作会议。时任国家教委副主任的柳斌同志在会上提出了"树立安全意识，加强安全教育，健全安全制度，落实安全措施，减少伤亡事故"的要求。国家教委、劳动部、公安部、交通部、铁道部、原国家体委、卫生部在1996年

3 月还联合发出通知，决定建立全国中小学生“安全教育日”制度，并规定每年 3 月的最后一周的星期一为“安全教育日”。也就在这一年的 3 月 24 日，当时分管教育工作的中共中央政治局常委、副总理李岚清在电视讲话中，要求各级政府和有关部门必须牢固树立“安全第一”的意识，要以对国家、民族高度负责的精神，重视对青少年儿童的保护，把中小学生的安全工作提到议事日程上来，将安全工作一抓到底，抓出实效。他还要求社会各界积极参与中小学生的安全教育工作，积极主动地协助做好学校的日常安全保护和防范工作。

《青少年自我保护手册》就是在这个背景下及时组织编写和出版的，因此具有十分重要的意义。作为学校对学生的教育工作，也作为家庭对子女的教育工作，甚至再扩大开来，作为全社会对青少年的教育工作，都应该把保护青少年的安全，使他们具备一定的防护与自救知识，列为一项最重要的、不可忽视的内容。

我们从事学校教育工作的同仁，应该清醒地意识到，青少年安全教育，既是一项全社会的系统工程，也是学校教育工作的一个十分重要的任务。青少年在突发事件面前束手无策，在可能受到人身侵害时无法及时有效地寻求脱身之计或避免伤害的进一步扩大，无法迅速地自救或为他人救助，这实际上也是教育工作的一个缺陷。

《青少年自我保护手册》于 1996 年首次出版，先后获得过公安部金盾图书奖二等奖、江苏省第六届优秀图书奖二等奖和第三届全国高校出版社优秀双效书奖，受到读者的广泛好评，这次重新修订再版，在内容上更臻完善。我以为，本书为学校抓好安全教育，在思想上、技术上提供了一个可以参考的范本。我相信，在学校、家庭以及全社会都来大力关注的时候，青少年的安全教育是可以取得成效的，这也可以为我们的青少年提供一个有利于安全、健康成长的社会环境。

朱永新

2012.6

（作者系第十一届全国人大常委，民进中央副主席兼秘书长，著名教育家）

再版序二

2011年,全国发生交通事故210812起,造成62387人死亡,而这些死者中有不少是青少年。我国每年非正常死亡以及因缺乏防范意识以致被骗、被侵害、被拐卖的青少年就有数万人。这些触目惊心的数字告诫我们,应该采取有力的措施以保护青少年。再看个案,2004年9月11日,有一名歹徒出于报复社会的心理,受俄罗斯一所中学学生被劫持作人质的事件触发,手持尖刀、爆炸物冲进苏州市吴中区小剑桥幼儿园行凶,刺伤了园内28名孩子。至于震惊全国的马加爵案件,更是为人所熟知了。校园内同样存在着不安全的因素。由此看来,青少年学生的安全工作形势确实已相当严峻,他们的人身安全已成了一个为人们所普遍关注的社会热点问题。为了防止校园内发生人身侵害案件,有些地方的公安部门与教育部门已经联合发出了公告,预防某些校园暴力案件的发生。作为社会性的预防,这是十分必要的。然而,从青少年学生这一方面来说,提高防范意识,加强自我保护,也是极为重要的一环。

因此,由房余龙主编,并由公安、教育、保险、医务等各个领域的专家参与撰写的《青少年自我保护手册》(第2版)的出版,就是相当及时的了。这于全社会对青少年人身安全问题的关注,对青少年自我防范意识的加强,都是极有帮助的。这本手册系统地阐述了青少年在日常生活和各种环境中的不安全因素,又在典型案例的分析中对防范对策、应急措施等方面的知识与技能作了系统的、切合实际的介绍。相信这本书的再版,将对提高青少年的自我保护能力，使其能妥善应对突发事变并进行有效的自救与救助，起到重要的作用。

武冬立

2012.6

（作者原系中华人民共和国公安部治安局局长，现为公安部边防管理局局长、党委副书记，少将）

目录 contents

在家时的安全防护

谨防火灾、触电、中毒

外出时的安全防护

交通安全

游乐安全

在校时的安全防护

人际交往中的安全防护

依法自我保护

人身保险

急救、自救常识

在家时的安全防护

青少年学生在家时的安全，是家庭安全的一个重要内容。家庭安全又是整个社会安全的最重要的组成部分。家庭安全不仅指人身安全，而且还包括财产安全。

青少年学生在家时是否安全，关系到身心健康和财产保护两个方面，无论是青少年学生本人还是家长，都必须引起高度重视。

怎样才能保障青少年学生在家时的安全呢？一方面，家长们应该对此负起责任，言传身教，对子女进行必要的安全知识教育，增强它们的防范意识；同时，要为子女提供最基本的居住安全条件，避免和减少不安全的隐患。另一方面，青少年学生本人在家的时候，更应处处小心谨慎，不忘安全第一。

回家时警惕坏人跟踪

12 岁的小琴，身材苗条，肤色红润，瓜子脸上有着一双水灵灵的大眼睛，人见人爱。而且，她的学习成绩优异，在年级中一直冒尖，老师和同学们一提起她就感到骄傲。不幸的是，盛夏的一天中午，小琴在家中遭到了流氓的强暴。

当公安人员向她了解受害经过时，她痛苦地说：“12 点钟不到，我放学回家，刚打开门，突然背后有个人抱住我的腰，一只手捂住我的嘴，使劲把我推进房间里……”侦察员问：“回家的路上你看见过这个男人吗？”“出校门的时候，我好像看见过他。后来不见了。半路上，后面有个同学喊我，我回头时好像也看到他。不过，他离我很远……那个同学奔上来跟我讲完话，大家就分手回家了，我再也没有注意……”

“小琴，这家伙肯定是跟在你后面溜进你家里的。今后，你回家时要注意，防止路上坏人盯梢。特别是快到家的时候，要看一看，有没有陌生人在你的身后。如果有，你可以先到屋里有人的邻居家去，告诉他们可疑的情况，跟邻居一起出来抓住他，送到村里或者我们派出所来。如果邻居家没有人，你也可以把他引到人多的地方去，想办法抓住他。如果他跑了，你就记住他的面貌特征，向我们报告……”

没过几天，这个胆大妄为的流氓就被公安机关抓捕归案了。他交代的作案手法，与侦察员们分析的一模一样。

还有一种情形：有的歹徒对于学生家中的情况不清楚，当他跟踪到家里，一旦发现有家长在，往往以问路或者找人走错了门为借口，脱身逃走。假如发生这种情形，一定不能让他溜掉，要报告公安机关，对这种人进行审查。若是让歹徒跑掉了，他还会在外继续寻找机会作案，也可能下一次再跟到你家来为非作歹。

爱心小锦囊

犯罪分子是诡计多端、狡猾奸诈的。千万不要以为坏人盯的只是女生。要知道，那些为了钱财而作案的罪犯，也有用盯梢法跟进男生家里行凶抢劫财物的，有时后果更加严重，大家千万不要麻痹大意！

在家时关好、锁好大门

青少年学生单独在家时，无论白天还是晚上，都一定要关好大门。木门外装有防盗安全门的，木门可以不关，但防盗安全门一定要关紧锁好。否则，无孔不入的犯罪分子便会乘虚而入，偷窃财物，甚至行凶伤人。

有一天傍晚，赵某心急火燎地奔进派出所，语无伦次地对值班民警说："完了，完了，屋里出事了，活不下去了……"民警让他慢慢地讲，才听明白，原来赵家这天下午门窗都关得严严实实的，可却失窃现金2000多元，金首饰3件，总价值6000多元。派出所的同志上门去查看，赵家的门没有坏，窗也没有破，找不到犯罪分子进出赵家的路线，不禁感到奇怪。

三天后，这名盗窃犯在别处作案时被抓获，方才查明赵家失窃的经过：那天中午，赵某的女儿放学回家没有关门，就在她上卫生间的时候，案犯潜入赵家，藏在赵某的床底下，等到赵的女儿下午上学后，他不慌不忙地翻箱倒柜偷窃财物，接着打开大门逃之夭夭。

青少年学生独自在家不关门的原因有很多：或者是夏天怕热，或者是为了通风透气；也有怕麻烦、图省事的，比如到隔壁邻居家去玩一会儿，或者到旁边小店里去买东西，马上就要回家，觉得刚锁好大门马上就要开，怪不方便的。从思想上分析，这些都是缺乏安全意识、麻痹大意的表现。他们认为大白天，左右都有邻居，门关不关无所谓，或者认为坏人胆子没有这样大。可是事实并非如此。光天化日之下，大庭广众之中，有

爱心小锦囊

大门不关危害大，坏人进来真可怕，伤身破财悔不及，要怨自己马大哈。

些歹徒都敢抢劫作案，何况顺顺当当地进入无人之家呢？你不关门，自己进出固然方便，但是歹徒进出岂不同样方便了？

有人敲门须警惕

爱心小锦囊

单身在家的青少年学生，假如碰到陌生人来敲门，千万不能马上去开门。应该首先问清楚、看明白对方是谁，来干什么的，然后再决定开不开门。

现在社会上有些犯罪分子就像狐狸一样狡猾，他们有的假装上门收购旧货，推销商品，乞食讨饭，募捐化缘，抄电表、水表，或者谎称上门来收电话费、煤气费、有线电视费、广播费等，骗开你的门后，便凶相毕露，胡作非为。所以，我们切不可上当受骗！门不可开，但讲话必须文明礼貌。如果陌生人是打听某件事、某个人的，也要注意辨别对方意图。如果对方确实有事，自己又确实能给予帮助的，可以隔着门回答。如果来人一再表明自己是真的上门有事的，你可告诉对方，什么时间父母在家，请他到时候上门来办。总之，单身在家时，对于陌生人敲门，千万不可轻易开门。

假如父母的朋友有事来访，你也应当告诉对方父母什么时候回来，让他(她)到那时再来。一般不宜开门让对方进来，因为来人的底细你不清楚：他(她)与你父母之间到底是什么关系？有没有纠纷或者个人恩怨？在不清楚这一切的情况下，倘若随便开门，就可能发生危险。

这是一座闻名全国的江南城市，个体经济比较繁荣，少数人确实先富了起来，王某就算得上是一个“大款”。为了办好自己的工厂，夫妻双双全身心地扑在事业上，常常把上小学的宝贝儿子独自甩在家里。

王某的私营企业能够兴旺发达,有劳改释放人员李某的一份功劳。然而,天长日久,因为经济报酬问题,李某对老板有了意见,矛盾越积越深。所有这些,王某的儿子小小年纪,当然浑然不知,只晓得有个常来找爸爸的“李叔叔”。这天下午,他又独自在家,忽听有人敲门,从“猫眼”里一看,见到来人是“李叔叔”,就毫无顾忌地把门打开了。不料,这个刚才还笑眯眯的“叔叔”,一瞬间变得凶神恶煞,一桩报复杀人的恶性案件就这样发生了……

爱心小贴板

当你在拒绝自己觉得不完全可靠的父母的朋友进门时,应当礼貌客气,多用“很抱歉”“对不起”等文明语言,并且可以说:“等爸爸妈妈回来,我一定叫他们联系你。”

对于思想品德不大好的同学、熟人,或者以前与你有过纠纷,过去从不往来,现在上门来又说不出有什么事情的人,也以不开门为好。但应当讲究方法和态度,免伤和气。你可以借口“父母马上要回来了,见了外人要生气的”,或者“我正准备到亲戚家去”,或者“我正在做作业,没空玩”等,委婉“送客”。青少年学生单独在家时,受到自己的同学或者朋友伤害的案件屡见不鲜,我们必须从中吸取教训。特别是女学生和家境富裕的学生,更要警惕。

不要引“狼”入室

青少年学生比较热情好客,有时候会主动邀请同学、朋友到家中来一起做作业或者玩耍。这时,也应当注意安全,不然也会出问题。小陈同学就有过教训。

小陈和小马是同班同学,彼此比较投机。这天是星期三,下午只有一节课,放学较早,小陈便带小马到自己家玩。当天晚上,小陈母亲发觉五斗橱上的一只手表不翼而飞,便问儿子谁来过家里。小陈如实相告,他母亲心中便有了数,连夜找到小马,追回了手表。不久,派出所获悉此事,引起了注意。民警针对小马的另几个同学家中过去失窃的案件进行补充调查,发现案发前小马都曾经到过他们家中。于是,小马被叫到派出所去谈话。结果查明,小马利用同学叫他去家中玩的机会,顺手牵羊行窃5次,偷得现金、手表、游戏机、收音机等财物,价值1500多元。

青少年学生带人回家的另一种情况是同学或者校外熟人、朋友主动提出到你家去。这更要谨慎对待。因为对方要去你家的真实动机和目的,不一定跟他的言语一致,也就是说,要提防有的人可能"口是心非"。

爱心小贴板

我们介绍上述情况,绝不是提倡同学之间无端猜疑,而是提醒大家:在"带人回家"这件事上要有安全观念;对自己周围染有恶习的人,要特别警惕。

学生带人进入家中的第三种情况,是陌生人以某种"理由"让你带他到家里去。在家里无人的时候,这样做是非常危险的,陌生人可能就是别有用心的歹徒。青少年学生碰到这种陌生人,必须明辨是非,防止上当受害。报纸上登载过这样一个案例:

张某家住上海近郊的一个城镇,那里治安秩序良好。然而,光天化日之下,张某的独生子却在家里遇害,财物也被洗劫一空。这一案件,就像重磅炸弹的爆炸,在群众中引起极大震动。

原来这天下午4时左右,张某的儿子背着书包,一蹦一跳地放学回家。当他登上四楼时,看到一个陌生的年轻人。

"小朋友,帮帮忙,讨口水喝。"年轻人和颜悦色地说。曾经看过雷锋叔叔的故事,经常受到助人为乐教育的张某的儿子不假思索,满口应允。他利索地打开门锁,让这个陌生人进了家门。就在他转身准备去拿热水瓶时,灾难降临了……

警方全力以赴，很快就破了案。凶犯是这样交代的："那天下午，我在四楼准备撬门偷东西，忽听楼下有脚步声，我立刻把螺丝刀藏在衣服里。一会儿，上来一个背书包的小孩，我灵机一动，就假装讨开水喝……"

助人为乐是中华民族的传统美德，青少年学生应该继续发扬；但是，对于向你求助的人要认真识别，防止被坏人利用。张某的儿子假如能想一想"一个陌生人怎么会跑到四层楼上来讨水喝"，那么就会产生疑问。然后，他可以假装找不到钥匙，乘机下楼向附近的邻居求助或向公安机关报警。如果这家伙逃跑，就大声呼喊"抓坏人"。这样，不但自己能够免遭杀身之祸，而且还有可能协助公安部门抓获罪犯，为民除害。

爱心小贴板

如果回家时见到坏人正在家中作案，不可惊慌，应该装作没有看见的样子，迅速跑到门外去呼救，或者去拨打"110"电话报警。然后，可以回到自己家的附近，观察坏人的体貌特征和逃逸方向，协助公安机关破案。千万不要单身去追捕歹徒。

防范上门的骗子

《文汇报》上曾有篇文章，写的是一个十几岁的女孩子竟然冒充记者到学校和学生家里骗吃、偷钱的事，好多人都被她迷惑了。现将这篇文章的主要内容摘录下来，请大家看一看，想一想。

一天上午10时许，虹口区海南中学科技"小状元"、初二学生小徐家来了个不速之客。她短头发，瘦长个子，十六七岁模样，上身穿学生服，下身着牛仔裤，声称自己是"青少年科技报记者"，从学校老师那里了解到小徐是市水仙花雕刻状元，特来府上采访，写一篇"人物专访"，拟在市科技节期间发稿见报……假记者进门后，要小徐取出科技作品和获奖证书，煞有介事地拿出照相机，拍了几张照片……接着，又要小徐打电话约几个同班同学下午接受“采访”。趁小徐打电话时，她迅速地把小徐的哥哥放在写字桌上的皮夹子偷走了，内有500多元钱和身份证、学生证、通讯录等物。假记者走后，小徐发现皮夹被窃，便按假记者留下的电话、地址寻找，结果发觉全是假的，便向派出所报了案。

当今社会上，这一类不法之徒往往利用学生对无冕之王——新闻记者的尊敬以及希望借助舆论工具宣传自己的心理，为非作歹，以售其奸。所以，当自称记者的人上门采访你的时候，一定要谨防假冒。一旦察觉对方有可疑之处，应灵活处理，婉言谢绝。当对方离去时，应悄悄地看清对方体貌特征和使用的车辆的牌照号码，以便报告公安机关。

爱心小贴板

怎样识别真假记者呢？真正的记者进行采访活动，都遵循这样一条规矩：在没有被采访人的熟人介绍的情况下，记者前去采访自己不认识的对象，都会主动出示自己的记者证，以表明身份。如果对方不出示记者证，可以请他出示一下。如果对方把记者证给你看，要注意识别，看清楚证上的照片是不是这个人，防止伪造的证件；如果对方以种种借口不拿出或拿不出记者证的话，应当巧妙地拒绝开门接待。

另外，还有一种上门骗子——自己的熟人。他们惯用的办法是请你出去玩或者引诱你到门外去看什么“西洋景”，调虎离山，再加害于你，或者由他们的同伙趁机潜入你家中偷窃财物。遇到不可靠的上门熟人，你得提高警惕，克制自己的贪玩心和好奇心，婉言拒绝。

管好大门钥匙

中学生章某，家住某市一处深宅大院，这里聚集着“七十二家房客”。她的父亲在上海工作，是一位高级知识分子，母亲因留恋这座“天堂城市”而没有随夫迁居到那个国际大都市。母女两人生活安逸，家中从未出过什么乱子。不料某年初春，厄运落到了章家。这天早晨，小章由于早读耽误了时间，狼吞虎咽地吃了半碗稀饭就匆匆地出门向学校赶去，幸好没有迟到。但是，中午放学回家时，她搜遍了书包和全身，始终找不到大门钥匙。好在母亲的单位离家不远，小章骑车十分钟就拿到了妈妈的钥匙。对于丢了钥匙会产生什么后果，母女俩从来没有考虑过。

下午无课，小章独自在房间里做作业。正当她在专心致志地思考作业题时，猛然间一条毛巾由前往后紧紧地包住了她的面部，勒得她透不过来气。尽管女孩拼命反抗，但是力不从心，渐渐地失去了知觉……等小章苏醒过来时，已经失身遭暴……她怎么也没有想到，住在同一大院内的一条“色狼”，正是捡了她掉在家门口不远处的钥匙，悄悄地开门潜入她家的。

这一教训是多么深刻呀！所以，公安机关一再告诫广大公民：发觉家门钥匙遗失后，必须尽快换掉门锁，或者采取相应的防范措施，不给拾到钥匙的歹徒以可乘之机。若是小章下午在家做作业时，先采取临时保安对策，将大门锁扣好保险或用重物抵住大门，等母亲回家后再换装门锁，那么，色狼再狡猾，也不能得逞。

爱心小锦囊

带钥匙本是为了学生自己回家方便、自由。可是，倘若钥匙保管不好，被那些心术不正的人利用，家中的安全便难以保障了。

爱心小贴板

青少年学生如何预防身上的钥匙失落呢？可用一根带子穿过钥匙孔，两端扎在一起，套在脖子上。倘若在外，脱衣服后不要忘记随手把钥匙套回脖子上。如把钥匙系在书包上，则要防止在外玩耍时，随意将书包乱丢乱放，以致让坏人偷走钥匙。万一孩子的钥匙失落或者被盗，家长必须赶紧把门锁换掉，麻痹、侥幸、省钱的思想都会遗患无穷。

值得一提的是，时至今日，在某些农村地区还存在着全家人合用一把大门钥匙的现象，家人外出后，钥匙就放在一个全家都知道的固定地方，谁先回家，谁就到这个地方伸手取钥匙开门入室。这样做的结果是：天长日久，存放钥匙的处所难免落入他人眼中。在社会风气还没有纯净到“夜不闭户，路不拾遗”的情况下，这显然是隐含着不安全因素的。

有一天，江南某村农民陈某家中失窃现金和存单共5900元，其原因是：陈某与女儿合用一把钥匙，为了方便女儿放学回家开门，他出去时总是把钥匙放在门口一只塑料拖鞋内。住在陈家隔壁的光棍阿成，曾经夸口答应借给朋友5000元钱，这天在家清点钞票，一看仅有3000元，正在犯愁之际，忽见陈某走过自家门口出去了。他灵机一动，计上心来。决定去偷陈家的钱来凑数。由于阿成早知道陈家的大门钥匙放在什么地方，所以“得来全不费工夫”。一会儿时间，400元现金和5张总额为5500元的存单便到手了。当然，最后阿成被捉拿归案，进了班房。

谨防小区游乐场的祸害

现在，中高档的居民住宅小区都设立了游乐场，供小区居民健身和少年儿童游玩。这些健身器材和游乐设施，有的由于缺少应有的维护或者质量不达标等因素，往往会给健身、玩耍的青少年带来安全隐患，甚至酿成祸害。

2012年1月29日上午10时左右，家住某市晨曦印象小区的周女士带着4岁的女儿到楼下的公共游乐场游玩。女儿像往常一样，来到一个扶住上面横杆双脚可以晃动的健身器材上玩耍。考虑到女儿年纪小，周女士特意站在边上扶着。女儿站上去不到一分钟时间，重达百余斤的健身器材竟突然倒了下来。周女士出于本能，奋力用双手将倾倒的健身器材托接了一把，大大地减轻了健身器材倒地的惯性。即便如此，健身器材还是在孩子头上砸出了一个肿块，经过儿童医院三四天的住院观察治疗，才得以痊愈。

据现场查看，晨曦印象小区的这件健身器材是安装在游乐场的木地板上的，本身不符合安全规定，几年风吹雨打，连接木地板和健身器材的螺丝出现了松动，没有及时进行检修，因而发生了这起伤人事故。

爱心小贴板

青少年到居住地小区游乐场玩耍或者健身时，应当首先查看一下健身、玩耍的器材是否坚固、有无安全隐患，只有在有了安全保障的前提下，才能上去使用。而且，健身玩耍时应当谨慎小心，不做危险动作。儿童玩耍游乐场，还要由大人陪同，以防意外。

夜间睡眠时的安全

有些家庭居住条件好，让孩子一人睡一个房间。也有些孩子虽然与父母同住一室，但是有时因父母去工厂上夜班，或者外出经商、走亲戚，夜不能归，也只好自己一人独睡。在这种情况下，关好、锁好大门自不必说，还需要注意一些其他方面的安全问题。家住平房或者楼房低层的要注意关好窗户，即使窗户上有铁栅栏的，也要把窗关好。特别是夏天，不要为了屋里通风凉快而不关窗。否则，歹徒可能会从室外采取“钓鱼”的方法盗窃你家的财物，甚至从楼下的围墙或者搭建的披屋爬上阳台，潜入室内为非作歹。

东方红新村是20世纪70年代建成的一个职工住宅小区，每家每户居住面积都较小，底层住户几乎都在天井里搭建了披屋。披屋的屋面与二楼居民的阳台相距很近，有的彼此相连。盛夏的一天深夜，三个歹徒身带凶器来到东方红新村。他们搭人梯从1幢101室天井外边攀上披屋，然后轻而易举地爬上201室阳台，穿过未关的阳台门潜入室内。这时，家住201室的一对夫妻去朋友家玩麻将未归，家中只有一个早已进入梦乡的16岁女儿小梁。三名歹徒见状，用衣服蒙住小梁头部，捆住她的手脚，施行强暴，然后把梁家贵重财物洗劫一空，扬长而去。尽管歹徒逃跑后不久，梁家夫妇就回到家中，发现情况马上向公安机关报案，不到一小时，三名歹徒即被治安联防人员在卡口截获归案，但留下的教训是十分沉痛的。

爱心小贴板

即使是家住楼房高层的人，晚上睡觉也必须关好阳台门窗。因为有许多居民住宅大楼顶层的楼道上留有通向楼顶屋面的通道，供建筑工人上去检修楼顶时用。有些犯罪分子往往从这条通道攀上楼顶，再用绳索倒悬进入居民住户的阳台。如果居民不关闭通向阳台的门窗，那么，罪犯就会闯入室内作恶。

不良习惯有危险

有些小孩闲着无事时，喜欢攀高爬低；有些小孩以玩弄电器和电气设施为乐事；有些小孩在做作业时，习惯于把铅笔、圆珠笔的顶端放进嘴巴咬着玩；还有的小孩边吃花生米、瓜子，边与他人说笑打闹。诸如此类的不良习惯会影响小孩身体健康，严重的甚至危及生命安全。

2011 年 12 月中旬的一天傍晚，11 岁的小伟被父母紧急送入苏州大学附属儿童医院急诊室。当时，小伟有咳嗽症状，并感觉特别胸闷，吵闹得很厉害，看他的样子十分痛苦。据小伟母亲介绍，小伟平时做功课时有一种不好的习惯，就是把自动铅笔的笔帽放在嘴巴里咬，父母指出多次也不改。这天上午小伟又犯了老毛病，把自动铅笔的笔帽含在嘴巴里，还跟旁边的同学说笑。没有想到，笔帽一下子就被他吸进了气管，然后便吐不出来，并且不断地咳嗽，心里憋得慌。医护人员立即进行静脉采血、开通静脉通道，进行心电监测，并嘱咐小伟不要吵闹，配合检查治疗。医生通过气管镜、食道镜检查，经过半个多小时的手术，终于从小伟气管中取出了笔帽，消除了危险。

专家指出，如果笔帽在口腔中改变位置，卡住主气道，小伟随时都有窒息死亡的危险。据儿童医院介绍，该院每年都会接收不少气管异物患儿，异物有笔帽、别针、瓜子、橡皮、花生米、糖果等。

爱心小锦囊

千万别把异物放在嘴里玩！有这种不良习惯的青少年学生，一定要下决心改掉。

在家玩耍防受伤

爱玩是青少年的天性。然而，玩耍中假如不注意自我保护，就可能发生伤害自己或他人的事件。特别是在玩枪弹玩具、橡皮筋弹弓和其他用铁皮、铜皮制成的玩具时，尤其要注意安全。

江苏响水县响南乡12岁的少年孙某，买了几张“电光子”，装在用自行车链条拼串起来的自制玩具枪上打着玩。那天傍晚，他怕因玩枪被家长发现而挨打，便把装上5颗“电光子”的小枪插进裤袋里，把剩下来的“电光子”也叠起来塞进裤袋。谁知一不小心，裤袋里小枪扳机被碰而击发，随即“呼”的一声，裤袋里的所有“电光子”同时炸响，无情的火药不仅把他的裤袋炸得千疮百孔，而且还炸伤了他的大腿。

爱心小贴板

社会上有一种以火药为子弹的仿真玩具枪，这种玩具枪的危险性很大，它发射出的火药子弹一旦飞进人的眼睛里，必然会造成伤害，严重的导致眼睛失明。青少年学生发现有人生产、出售火药玩具枪时，不但不要买、不要玩，还应该立即报告公安机关。因为国家明令禁止生产、出售这类火药玩具枪的。

某年的10月15日，王某、赵某在王某某家玩耍时，发现屋内有一支气枪，王某便把枪拿过来玩弄，不料触动扳机，子弹射出，不偏不倚击中赵某左眼。经深圳、南京等地医院治疗，先后花去医药费、交通费7962.85元。赵的左眼因穿透伤而永远失明，右眼视力也有所下降。法医鉴定赵某为七级伤残，后续治疗费用至少需要1.2万元。由于王某父亲拒不继续承担赵某的医疗费用，赵某父亲被迫代表年幼的儿子向法院提起诉讼。

青少年学生在居住地附近用气枪射击目标（如树上的鸟儿）而误伤他人的事例也屡见不鲜。血的教训告诉我们，不仅真枪玩不得，凡能射出子弹或含火药的玩具枪也玩不得，否则是要付出代价的。

还有一些孩子，捡到军用废弹之类的物品后，便将之当玩具摆弄，这就更加危险了。

小曲是一名初三学生，一天，他不知从哪里捡到一颗斑驳锈蚀的步枪子弹，心想，子弹里的炸药可以弄出来玩玩。于是，他找来一根铁钉，对准子弹尾部中央，用砖头敲击。这一敲引起子弹内的火药燃爆，炸得小曲皮开肉绽，惨不忍睹。

爱心小贴板

橡皮筋弹弓深得青少年学生的喜爱。不少人在家前屋后用它弹射石子、瓦片、竹片、泥块等物，射击树上的鸟儿或者其他目标，以此取乐；还有的相互对射，闹着玩，看谁眼力好、打得准。这些玩法都是十分危险的，弄不好就会伤人毁物。倘若用橡皮筋弹弓朝着毫无防备的人射击，后果不堪设想。

好动也是青少年学生的一个特点，几个同学在家一起玩的时候，喜欢打打闹闹、你追我赶，或者玩捉迷藏，东躲西藏、翻箱倒柜。游戏是正常的活动，但也要注意自我保护，否则也会造成事故，轻则鼻青脸肿，重则伤筋断骨。

敏敏与冬冬同在一个学校念书，又是邻居，所以放学后常在一起说说笑笑，打打闹闹。

那天，敏敏的爸爸出差回来，给他买回一架玩具飞机，敏敏迫不及待地装上电池，在客厅地板上转着玩。这时冬冬来了，敏敏得意洋洋地左玩右玩爱不释手，惹得站在一旁的冬冬伸手抓起小飞机回身就往门外跑，打算拿到自己家去玩玩。他做梦也没有想到，脚刚迈出大门两步，就被一辆自行车撞了个“嘴啃泥”，手中的小飞机被甩出好远……

这个例子说明，孩子们互相追逐时，要特别注意环境。交通地段和人多的地方，决不能玩追逐性的游戏。玩捉迷藏或在家爬高与攀低，也要注意安全。报纸上登过这样一则消息：

一天下午2点左右，南京市某大院门卫王大妈正在值班，忽

爱心小锦囊

家长们应该教育子女，无论是在家中还是在外边，都不要攀高；青少年学生也应该注意这方面的自身安全。

听得“嗵”的一声。过去一看，只见2幢404室的小孩赵某脸朝下趴在地上，头部流着鲜血。王大妈连忙呼喊救人，路过此地的3位南京医科大学实习医生闻声上前，一面紧急包扎伤口，一面给孩子做人工呼吸，然后拦下一辆过路汽车，把小赵送往医院，但小赵终因伤势过重，抢救无效而死亡。

据了解，这天下午小赵一人在家，他的外婆是在十几分钟前出门的。临出门时，外婆怕孩子乱跑，把房门反锁上了。事发后据现场勘察，煤气灶台上留有小孩的鞋印，表明小赵是从厨房的窗口坠楼的。

少看暴力游戏免受害

《法制晚报》报道，2011年11月15日深夜，高中生徐刚在家中持菜刀砍杀父母，致一死一伤。这起骇人听闻的惨案的发生，是徐刚迷恋电脑上的暴力游戏埋下的祸根。

徐刚在初中阶段，学习成绩比较好，同学们说他人也好。上了高中后，徐刚以查资料为由，让家长买了台电脑。想不到他竟在电脑上玩游戏成瘾，还不听父母的批评。徐刚父亲说，每天放学回家吃完饭，他就坐在电脑前玩游戏，一直到深更半夜都不睡觉，在电脑上玩的游戏内容都是拿刀砍啊、杀啊、跳啊、跑啊的那些……长期沉湎于电脑前玩暴力游戏，使得徐刚的性格变得更加孤僻，很少与人交谈，以致后来患上了抑郁症和精神分裂症。

爱心小贴板

互联网上的内容十分广泛、复杂,暴力、淫秽的东西时有所见。对于不健康的信息内容,青少年同学应当保持清醒的头脑,明辨是非。作为家长,为了保护子女健康成长,可以设置计算机的开机密码,控制子女使用电脑的时间。同时,在电脑中安装特殊管理软件,对网上有害的信息进行自动过滤和屏蔽,防止小孩受其毒害。

防止宠物伤人

一个时期以来,养猫养狗蔚然成风。本来,养猫养狗是为了玩,殊不知,身受其害者时有所闻。

不少人家都喜欢养猫。一般情况下,猫是不伤人的。但是,当它被你逗着玩耍而失态时,或者当它在发情期与异性玩耍而遭到干涉时,就会伤人。

年过七旬的张大妈孤身独居,为了解闷养了一只雄性大花猫。外孙女小莺读初中,学校离家较远,就住在张大妈家里,并和花猫成了好朋友。一天晚上,小莺正在埋头温习功课,院子里骤然传来一阵阵猫叫声,忽高忽低,持续不断。小莺听得心烦,打开门一看,只见大花猫和另一只猫弓着身子在相对嚎叫,她便捡起一块砖头,掷向别人家的那只猫,没想到自己家的大花猫却回过头来,跳到小莺的脚上拼命撕咬。小莺躲避不

爱心小锦囊

饲养家猫,不仅要掌握它的特性,而且在逗它玩耍时也要注意它的脾性,以防被其伤害。

及,脚背上被撕咬得血糊糊的一片……

过去,农村盛行养狗,为的是看门防贼。现在,城市里养狗已成为时尚。城市里所养的狗,多数是玩赏犬。但不管养什么狗,都应防范伤已伤人。特别是未成年人在家中与狗朝夕相处,要格外注意预防狗害。这方面的教训实在太多了:有的在家玩狗而被咬伤;有的在纠正家犬的不良习惯(如乱拉屎、乱撒尿等)时遭其伤害;有的在喂狗时,拿食物的手被伤害;还有的狗未注射狂犬疫苗而成疯狗,咬伤咬死家人或外人……诸如此类,不胜枚举。

爱心小贴板

为了家庭成员和社会的安全,养犬人务必做到:① 每年带家犬去注射一次狂犬疫苗。② 狼狗、草狗实行圈养,防止它们乱跑伤人。③ 注意喂食时的安全操作,不要用手持食物喂狗。④ 不用手和脚去逗弄宠物,以免受其伤害。⑤ 保持家犬的清洁卫生,以防传染疾病。

家务劳动防意外

小学高年级的学生,多数在家中都要或多或少地帮助家长干点家务,如烧水煮饭、洗衣服、打扫卫生等。学生做一些力所能及的家务,既可以减轻家长的体力负担,又可以从小培养自己的生活自理能力,增强劳动观念,应该说这是好事,值得提倡。但我们要提醒青少年同学,在做家务劳动时必须增强安全意识,预防烫伤、烧伤、跌伤、刀伤等事故的发生。

防烫伤 学生在家接触到沸水、高温水(如提水壶往热水瓶内灌水,拿热水瓶倒开水等)时,必须防止因摔跤或者因盛水器具损坏而烫伤。防摔跤,主要应防止地面滑、高低不平或有障碍物绊脚。防盛水器具损坏,则应注意两点:① 有铆钉的盛水器具要防用久了铆钉不牢固;② 热水瓶要防底部损坏,瓶胆会掉下来。新买的热水瓶要检查底部螺丝,防止松动脱落。向器皿中灌沸水或高温水时,要把器皿放在地上或家具上。向热水瓶中灌水,因沸水溢出或瓶塞脱落而烫伤手的事情,在大人中也是常见的,所以灌满水后,瓶塞要塞紧。此外,装有沸水、高温水的导热器皿,不能直接用手去接触。

防烧伤　学生在家使用明火烧水煮饭时,稍不留心,便有被火烧伤的危险。农村使用麦草稻秆烧饭,若盘烧的草把太结实或者草秆不太干燥,往往在灶膛口用嘴吹风引火,一旦草秆突然燃烧,就容易燃及眉毛、头发,甚至灼伤面部。正确的处置方法是:用火钳拨弄灶膛里未燃的草秆,增加膛间空气的流通,或者用扇子对准灶膛煽风,促使膛内草秆起火燃烧。在城镇,使用火柴点燃煤气、天然气、液化石油气时,应先划着火柴,靠近灶具燃烧器侧面,然后打开灶具开关点火。若先开灶具后划火柴,则可能由于气体泄漏,碰到明火而引起火灾甚至爆炸;若将拿火柴的手放在灶具燃烧器上面,则很可能被燃烧着的气体烧伤。

防跌伤　学生在家务劳动中跌伤的情况,极少数是走路不慎造成的,大多数是攀高取物或者攀高打扫卫生时造成的。既有因脚下的凳子、桌子、梯子不稳固而跌伤的,也有跌下来又碰在其他器物上而导致伤上加伤的。后一种情况更加危险。

小玲玲本是个天真活泼的女孩子,可是现在她的额头上留下了一道抹不掉的伤疤,使她感到终身遗憾。这伤疤是她在外婆家跌伤所致。那天,她踏在一只小方凳上去拿墙上挂着的一只竹匾,右脚踩在凳子边上,左脚刚刚离开地面,凳子便歪倒了。更加不巧的是旁边放着一只铁锅,她的额头恰恰碰在铁锅边上……

小玲玲受伤是偶然的,但是其中蕴含着必然性的规律。它告诉我们:需要攀高时,一定要放平、放稳脚下垫的东西,还要把周围的危险器物搬开。人踏上去之前,应先试一试是否摇晃滑动;踏上去时一定要踩实踏稳。

防刀伤 切菜、削水果都需要用刀具,而用刀具最容易造成自伤。

13 岁的小平至今还记得自己的食指被切断的那天是个星期六。那天下午放学早,他用菜刀切土豆时,左手没有捏紧,土豆一滑,刀刃切在了食指的第一节部位,鲜血染红了砧板。后来断指虽然接合成功,但弯曲时到底不如先前那么灵活了。

要防止用刀时造成自伤,首先思想要集中,眼睛要看清,手离刀刃尽量远一点;其次,用刀姿势要正确,刀下的被切物须稳定位置。切忌毛毛躁躁、心不在焉。第一次用刀,千万要在家长指导监督下进行,先看家长示范,明白应该注意的事项,绝不能逞强,自作聪明。

浴室洗澡要谨慎

近几年来,城镇和经济发达地区农村的新建住房越来越考究,不仅装潢高级,而且每家每户都有卫生间。一年四季洗澡不用出门,既方便、卫生,又省钱省时。一般家庭的卫生间都比较小,关闭窗户后密封程度高。其优点是室内热量不易散发,保暖性强;缺点是室内外空气不流通,人呼吸所需的氧气得不到充分补充,悲剧也就常常因此发生。

这是一个黑色的周末,江苏省东台市一户人家发生了 3 个孩子在洗澡时因缺氧而不幸罹祸的事故,一个孩子窒息死亡,两个经抢救脱险。事情是这样的:当天下午4 时许,王某家12 岁的大女儿放学回家后,带着妹妹和一个同学,3 人一起在家中的卫生间里洗澡。由于空间小,蒸汽大,又密不透风,3 个小孩都因严重缺氧而昏倒在浴缸里,大女儿被压在最下面。当家长回来,发现情况不妙,打开卫生间的房门时,里面仍然蒸汽弥漫。大女儿已经死亡,另两个女孩也奄奄一息……

爱心小贴板

在家中浴室洗澡，特别是使用燃气热水器洗澡时，门窗不要关得太死，要注意通风透气；热水也不要放得太多，以免蒸汽升腾引起窒息。如果在洗澡过程中感到胸闷不适、心跳加快、头昏脑涨，就说明浴室缺少氧气，应马上打开门窗。另外，普通家庭浴室的空间小，浴缸也小，以一次一人洗澡为宜。如果数人共浴，人体消耗的氧气量成倍增加，发生窒息的危险性也就加大。孩子最好在家里有大人时洗澡。

船民小孩的居家安全

对船民的孩子来说，“居家”就是“居船”。所以，不安全因素和“水”的直接、间接关系特别密切。因此，船民的小孩在船上生活期间，必须防止落水、溺水事故的发生，尤其是在家长离船外出时，更要谨慎小心，最好在小孩身上套一个小救生圈（袋）。如果从小能学会游泳，当然更好。不会游泳的小孩不慎跌落水中，除了呼救外，应该镇静地采取面部向上的仰姿，这样可使口鼻露出水面继续呼吸，以赢得宝贵的抢救时间。

船民应该学会急救溺水者的基本方法，以利于急救落水的子女或他人（急救方法在本书的最后一部分中阐述）。

青少年学生单身在船上时，还要防止歹徒登船抢劫、施暴。这类案件在水上时有发生。预防抢劫、施暴等案件发生的最好办法是，提醒和督促家长将船停在有专人看管的船只寄泊站内，交纳一点费用，以保障安全。假如停船地附近没有寄泊站，可将船停泊在水上码头附近、船只比较多的地方，或者沿河工厂、企业、单位旁边。这样，一旦遇险，可以呼救求援。船只在水面停泊的位置要恰当，应该与河岸隔开一段距离，并将跳板拿掉，让船体与陆地分隔开来，阻止歹徒从陆上登船作恶。当然，在一些偏僻的水域，也要防止坏人驾船从水上登船作案。因此，家长离船上岸时，应将贵重物品和小孩锁在船舱内，这样比较安全。

停放车辆注意安全

现在，从城市到农村，青少年骑自行车越来越普遍。遗憾的是，自行车失窃现象常常困扰着学生们。

根据公安机关掌握的情况分析，学生回家后自行车遭窃的原因大致有四种类型：① 因自行车没有上锁而被偷走。有的学生思想麻痹，认为普普通通的旧车，锁不锁无所谓，小偷不感兴趣；有的学生疏忽大意，忘记把车子上锁；还有的学生回家后马上又要出去，怕麻烦不愿上锁。② 自行车的锁失灵。有的学生或家长为了省钱，车锁坏了既不修理，也不更换。③ 车子停放的位置欠妥当。有的学生家里能放自行车，却停在外边；有的学生住地有停车库，却把车子放在走道上。④ 新车、高档车。从犯罪心理分析，旧车新车、好车孬车都可偷，但偷了新车、好车卖钱多、合算。尤其是刚买回来尚未去交通管理部门办理领证、打钢印手续的新车，偷了易于销赃，公安机关破案也难。

我们知道自行车失窃的主要原因后，防止自行车被盗就可以采取相应的措施了。家住城里闹市区的学生，如感到不方便，白天需要将自行车停在室外时，须注意三点：① 上好车锁，而且车锁必须牢固；② 尽量不要放在墙角落等隐蔽处，来来往往的过路人看得见的地方相对比较安全；③ 新车、高档车最好不要放在户外。这里特别强调一下：车锁是自行车安全的一个重要保障，买车锁一定要买坚固型的，最好多花点钱买“防撬车锁”或者钢筋锁、链条锁。车锁坚固，撬窃难度就大一些。

爱心小贴板

现在，有些犯罪分子骑了三轮车甚至开了卡车去偷自行车。它们把停在外边锁好的自行车搬上卡车、三轮车，拉到犯罪窝点或者隐蔽处，再设法撬锁、锯锁。所以，切不可因为车锁坚固而随地停放自行车。对于家庭条件不是很好的学生来说，购买普通型中低档的自行车比较合适，这些自行车对于盗窃犯的诱惑力不太大；万一失窃，损失也小一些。

对家长的言行要作分析

家长对子女的影响是最直接、最重要的。应该说，绝大多数家长能用自已良好的形象引导子女健康成长。但也不可否认，现实中确有少数家长在子女面前常有一些不正确甚至不道德、不守法的言行。这种家庭里的青少年学生，对家长的言行应该作出正确的分析判断。这是一种特殊的自我保护，对于少数“特殊家庭”来说，它绝不是可有可无的。

家住苏北农村的炜炜，从小每年盛夏都要生一次同样症状的疾病——饮食无味，四肢无力，面黄肌瘦，精神不振。这种病较为多见，一般医生都能治疗。可是，炜炜母亲却不远数百里，到一个娘娘庙里去求“仙丹”。炜炜打开母亲带回的红纸包一看，所谓仙丹很像香炉灰，顿生疑窦。母亲见状，连忙劝说。炜炜难违母命，一咬牙吞下了这种“药”。谁知道，她当夜就发烧，腹泻不止。母亲吓坏了，赶紧送医院。经检查，炜炜患上了菌痢，住院治疗半个多月，高中升学考试都未能参加。

爱心小贴板

面对某些家长所中的封建思想的遗毒或其他遗毒，青少年学生应以科学知识为武器，明辨是非，加以劝说，自觉抵制，这对自己、对家庭、对社会都有好处。

还有一些家长，忙于自己的事业或者工作，平时对子女不关心不教育，特别是外出打工的父母，把小孩留在家里，交给留守的老人抚养。这些缺少家长教育和关爱的未成年人，往往得不到健康成长。有的学业荒废，有的品德不良，还有的形成了恶习。

2011年6月，17岁的余斌因为行凶杀父致其重伤一案，被人民法院判处3年有期徒刑。宣判后，余斌跪在法庭上痛哭不止，撕心裂肺地忏悔："我对不起你，爸爸我错了！"

原来，余斌自3岁起，父母外出打工，其随奶奶生活。由于缺乏家庭温暖和学习的监督帮助，余斌因成绩差而失学，且性格孤僻，少言寡欲不合群。16岁时，父母把他带到苏州来一起打工。生活在一起本应是好事，余斌却得不到应有的关爱，父亲脾气暴躁，认为儿子没出息，常在酗酒后对其打骂。余斌无法忍受这种生活，另找房屋单独居住，对父母的怨恨心里却有增无减。那天，余斌喝酒壮胆，买了刀对父行凶，酿成大错，一失足成千古恨。

爱心小贴板

部分家长会因孩子不争气而对孩子采取简单粗暴的方法处置，非打即骂，侮辱人格。此时此刻，青少年学生应当冷静思考，认识自己的过错，理解父母的良苦用心，同时，用法律赋予的安全健康权和人格尊严来维护自己的合法权利，与父母沟通讲理，扭转自己挨骂挨打的局面。如果父母不听，继续我行我素，应当报告学校的老师或者公安机关。绝不能离家出走，或者以牙还牙，甚至伤害父母，触犯法律。

谨防火灾、触电、中毒

火灾、触电、中毒，是对人类生命安全构成重大威胁的三种人为灾害事故，对于缺乏安全知识的青少年学生危害尤其大。

据统计，2011 年，我国发生火灾 125402 起，死 1106 人，伤 572 人，直接损失18.8 亿元。在这些火灾事故中，由于青少年学生不懂得防火知识和缺乏火患意识而引起的占有一定比例。据前几年统计，全国特大火灾事故中，因小孩玩火而造成的约占 9%，而且这个比例有上升的趋势。

为了使青少年学生懂得预防火灾知识，家长首先应该负起教导、监护的责任。平时，要对子女进行必要的防火教育，比如不玩火，不吸烟，按正确的方法操作家用电器，安全使用明火和安全燃放烟花爆竹，等等。其次，家长要管好火源和易燃物品，把火柴、打火机等点火物和汽油、酒精等物品放在小孩拿不到的地方；经常查看孩子的口袋，发现火柴及时收走；不要随意让小孩使用天然气、液化石油气和煤气灶具，也不要让他们随意给煤油炉、煤油灯加油等。如果初中以上学生因生活需要而单独使用燃气器具烧饭时，必须先要学会使用方法和发现、处置燃气泄漏的办法，以防万一漏气失火，危及安全。经济条件比较好的家庭，还可置备小型灭火器、安装防火报警装置。

青少年学生自己应该怎样预防火灾呢？我们结合一些案例，分若干个具体问题，来细谈一下。

玩火惹祸必受其害

好玩是青少年的一大特性，但是千万不得玩火。如果在棉花、衣服、草堆、煤气、石油、鞭炮、雷管、油漆等易燃易爆物品附近玩火，往往容易引发火灾、爆炸等灾害事故，导致财物损毁甚至人员伤亡，危害自身安全乃至公共安全。由此造成的损失，玩火者必须依法承担责任。

江苏省吴江市屯村镇的14岁少年小军，在邻居朱某家堆放的席草旁玩火，不慎引起火灾。大火虽然被消防队和周围群众扑灭，但朱某家的席草已被毁之一炬。经评估，烧毁的物品价值4万多元。于是，朱某把小军和他父母告上了法庭索赔。由于小军是限制民事行为能力的人，依法应由其监护人承担民事赔偿责任。据此，吴江法院判决小军的父母全额赔偿了朱家的经济损失。

青少年玩火，造成人员伤亡的例子也时有所闻。有的青少年玩火，甚至连自己的性命也赔了进去，这叫“玩火者自焚”。广大青少年一定要引以为戒。

爱心小锦囊

青少年不但要做到自己不玩火，免受其害；而且，发现别人玩火时，也要坚决予以制止，预防火灾事故发生。

使用煤炉、油灯怎样防火

在城镇和农村中，还有不少家庭仍旧使用煤

炉。从预防火灾的角度讲，与煤气、天然气、液化石油气相比，煤炉要安全得多，但使用不当，也会引发火灾。

爱心小贴板

预防煤炉失火，必须做到四点：① 煤炉放在地板上，必须在底下垫置大面积的水泥板或者铺置砖头等隔热物，防止煤炉的高温直接炙烤地板，引起地板燃烧。② 从煤炉内拣出的煤渣，应先放在不能燃烧的容器中，待冷却后倒掉。千万不可将高温的炉渣扔到竹筐、垃圾箱内。③ 煤炉附近不要堆放可燃物品，如木柴、废纸等。④ 在煤炉上烘烤潮湿衣服时，要保持一定距离，而且人不可走开。

为数不少的农民家庭至今仍然使用泥砖砌的旧式炉灶，以柴草作燃料。这种炉灶稍有不慎就会失火。

一天上午，冬冬因为在校订正作业，所以直到12点多才回到家中。烧饭时，他心急慌忙，将点燃的麦草在灶膛口随便一塞，就匆匆地跑到灶前去做事了。不一会儿，灶膛里的麦草带着火苗散落到地上，顿时，灶间里一大堆麦草全被点着了。冬冬见状，连忙过去扑救，终因势单力薄，未能见效，不仅三间房子全部化为灰烬，连他自己也被烧伤，住进了医院。

爱心小锦囊

在用火柴或打火机点燃柴草烧饭时，不但要防止烫伤手，而且要防止火星散落到灶间堆放的柴草上而引起火灾。饭烧完后，要检查一下灶间有无火灾隐患。人离家外出之前，应将灶膛内的余火熄灭。

爱心小贴板

用旧式炉灶烧饭应注意以下几点：① 人离开灶膛前，必须把点燃的柴草完全送入膛内。② 灶间堆放的柴草宜少不宜多，以每次烧饭需要的用量为限。③ 一旦灶间失火，在没有绝对把握扑灭的情况下，应该迅速呼救求援，将火灾扑灭在初始阶段。

另外，煤油也是易燃物品，在使用煤油灯（炉）的过程中，它又始终与明火接触，危险性较大，稍不留意，便会发生火灾。

爱心小贴板

使用煤油灯（炉），务必注意以下五点：① 煤油炉的炉底须坚固，使用过程中人不可离去，点燃的炉子要避开风口。万一煤油炉起火，只要抓一把干粉灭火剂或者沙土撒向油炉，或用湿麻袋、湿抹布等物将煤油炉遮盖住，火便能很快熄灭。② 煤油灯（炉）的放置要远离可燃物品，也不可拿着煤油灯靠近可燃物。③ 睡觉或者外出时，必须把煤油灯熄灭。④ 给煤油灯（炉）加油时，应该先熄灭明火，然后往灯（炉）里倒油。⑤ 不能用汽油、酒精等代替煤油作为燃料，也不可把它们与煤油掺在一起使用。

使用蜡烛怎样防火

现在用蜡烛照明的人家已经很少了。不过，在晚上停电时用蜡烛照明的和把点燃的蜡烛放在家中的佛龛、神案前或者灵堂的遗像牌位下的并不少见。生日、祝寿用蜡烛的现象相当普遍。还有住校学生，熄灯后在床上帐子里点蜡烛看书的现象也较为多见。这些情况若不注意，都会引起火灾。

小李的母亲过生日,小李特地点燃了一对大红寿烛。可是,这天母亲下班很晚。寿烛渐渐燃尽,最后烧着了桌面。小李一看不妙,奔过去扑救。岂料适得其反,他在慌乱中将旁边的纸头、扫帚和电线全引着了火。于是,一场大火降临,房屋烧毁,人被烧伤。

爱心小贴板

使用蜡烛时一定要注意以下几点:① 蜡烛点燃后必须牢牢地固定在不易燃烧的器物上(如铁皮、玻璃片、瓷器等,当然,最好是专用的烛台),附近不能有可燃物品。② 蜡烛应该安放平稳,防止倒下来引燃其他物品。③ 外出或睡觉前,应把蜡烛熄灭,不留火患。④ 千万不要在床上、帐子里点蜡烛看书。⑤ 手持蜡烛寻物,不要靠近可燃物品。

锅里炒菜怎样防火

炒菜使用的食油,无论是植物油还是动物油,都属于可燃物,锅内加热到450℃左右,油便会燃烧,火焰可以蹿起几尺高。根据食油的这种特性,炒菜时要先把菜洗净切好,然后在锅里放上油,看见锅里有热气,就把菜放下去炒,免得时间过长油在锅里起火。需要指出的是,现在不少人为了炒的菜好吃,总要等到锅里的油冒烟才放下菜去炒。这样的做法有两大危险:一是油温过高易起火;二是油锅里散发出来的气体有害,过多地吸入容易致癌。

如果扑灭油锅起火的方法不当,极易引发火灾。比如,用水往油锅里浇,冷水遇到高温热油,就会“炸锅”(因为油不能溶于水),使油水到处飞溅,这样很容易形成火灾和造成自伤。再如,若用双手端起着火的油锅,把油火倒入旁边水池里,不仅由于油锅温度高,容易烫伤手,而且油火遇水会反蹿上来,烧伤人的面部。

2005年1月26日下午，家住苏州市嘉宝花园的吴女士正在家中准备炸鸡翅。忽听得一声劈里啪啦的爆油声后，吴女士急忙把锅盖打开。谁知煤气灶上的铁锅内竟然烧了起来。吴女士赶紧端起装满水的脸盆对准铁锅里的火苗泼去。未料，火没有熄灭反而蹿起好高，一下子把吴女士的头发烧着了。吴女士的丈夫见状，拿起塑料水管对准妻子的头狂喷，然后赶紧用锅盖把烧着的锅子盖上，这才灭了火。

爱心小贴板

万一油锅起火，切不可惊慌失措。只要用锅盖一盖，或者用一大块湿布，从自己的一侧倾斜着遮盖到起火的油锅上，隔绝外界与油锅的空气流动，燃烧着的油火便会因为接触不到空气而自行熄灭。如果厨房内有切好的蔬菜或者其他生冷食物，可沿着锅的边缘倒入锅内（防止油火溢出锅外伤了自己），利用生菜与着火油品的温度差，使锅里燃烧着的油品温度下降，油火也就会自动熄灭。

用火炉取暖怎样防火

我国北方家家户户几乎都在房间里安装了火炉取暖。倘若火炉安装、使用不当，也容易发生火灾。

安装火炉，必须使炉子、烟囱与可燃物隔离。烟囱经过的空间周围30厘米内不能有可燃物。假如房间铺有地板，还要用14厘米以上厚度的水泥板、砖块等物铺成炉底（铁皮等传热物不可垫底），将火炉安放在上面；炉前用50平方厘米的不可燃材料盖在地板上。铁皮烟囱的节与节之间要衔接紧密。火炉与板壁、家具等可燃物之间须相隔1米以上，若房间面积小，间距不到1米，可用不可燃材料（如石板、水泥板等）将火炉围起来。砖木结构的瓦房，窗外烟囱必须高出屋檐0.5米，以防烟囱里冒出的火星落下来起火。

在使用火炉取暖时，严禁用汽油、煤油、柴油、酒精等引火，以免点燃后火焰蹿起，酿成火灾。火炉周围不得堆放容易被烘烤着火的易燃物品（如油料、木柴、衣服等）。烘烤的衣物必须距火炉 1 米以外，不能直接把衣物放在烟囱上烘烤。

用铜脚炉取暖注意防火

73 岁的张奶奶有一个活泼可爱的孙子，冬天孙子睡觉，她总要在被窝里放一只铜脚炉让他取暖。这天，气温达 -5℃。张奶奶照例使用一只铜脚炉，炉内下层放了些小米壳，上层放了些炭火，然后塞进孙子的被窝里。凌晨 3 时左右，孙子在梦中把铜脚炉蹬翻，片刻间燃起一场熊熊大火，祖孙二人葬身火海……

目前，经济落后的偏远地区还有用铜手炉或铜脚炉取暖的，青少年朋友可以建议家长改用热水袋，比较安全。倘若家长不舍得扔掉铜炉，那么，至少要做到睡觉时不把铜炉放在被窝里取暖。

燃放烟花爆竹注意防火

在喜庆的日子里，人们往往燃放烟花爆竹，表达喜悦之情，增添欢乐气氛。然而，燃放烟花爆竹容易招致人身伤害和火灾事故。

首先，购买烟花爆竹时，要到公安机关批准销售的商店去买，选择印有生产厂家商标和燃放说明的小鞭炮、双响及普通烟花，这类烟花爆竹比较安全。“穿天猴”、拉炮、土火箭、“地老鼠”、

爱心小锦囊

青少年学生掌握一些火炉安装的知识，不仅可以提醒家长按正确的方法选择合适的位置安装火炉，而且自己使用火炉也能确保安全。

掼炮等无定向的烟花爆竹，危险性较大。特别是质量不合格的和非法生产的烟花爆竹，存在许多不安全问题，千万不能购买燃放。目前，这些烟花爆竹在市场上还比较多见。

其次，燃放前要选择合适的地点——开阔空地。不要在室内、阳台上和草房、草堆、物资仓库、加油站附近及行人、车辆多的马路上、弄堂内燃放。新疆伊犁地区一个 12 岁的小学生，在某单位礼堂舞台上燃放“地老鼠”，引燃了堆放在一旁的花圈，凶猛的烈火烧死烧伤数百名正在看电影的小朋友，教训非常深刻。

燃放烟花爆竹时，先要细看燃放说明，然后按照规定的方法和要求燃放。小鞭炮要用竹竿挑着放，上下向不可颠倒。点燃后，人要赶快离去，而且尽可能离得远一点，免得被炸伤或者烧坏衣服。如果烟花爆竹点燃后不响，千万不能马上跑过去察看，至少要等三五分钟后才能去看，防止突然爆炸伤人。

这天是元宵节，充满喜庆气氛的项城市却突降一场悲剧。当晚，该市一名 17 岁的少年在燃放烟花时，发现点燃后未响，片刻后，他好奇地凑近伸头去看，却被突然爆发的烟花弹打中面部。其家人见状，迅速将其送到医院抢救。值班的 4 名外科医生立即对他采取包扎等应急处理。但他最终因抢救无效，不久便停止了心跳。

爱心小贴板

青少年学生燃放烟花爆竹时，要有家长或成年人看管指导，不可随便乱放。而且，要防止鞭炮飞到别人家中起火伤人。燃放烟花爆竹后，如果残片有火星，必须将其熄灭，不留后患。

烟花爆竹保存在家里时，也要注意安全。存放的地方必须没有可燃物，要离开一切火源、电源和热源，而且不能让老鼠、昆虫接触到，以防烟花爆竹自燃成灾或者被鼠、虫咬啃爆炸燃烧。

使用蚊香注意防火

蚊香引起火灾，主要是蚊香安放的位置不妥。有的人把点燃的蚊香直接放在地板、纸片上，有的人把它放在靠近蚊帐、窗帘、被服、家具等可燃物品的地方，甚至有的还放在床头。一旦蚊香倒下来，或者附近的可燃物品碰到蚊香，就有可能发生火灾。

盛夏的一天夜晚，家住农村的初中学生A点燃了一盘蚊香，放在桌旁的地上读了一会儿书。不久他感到疲劳困乏了，转身钻进蚊帐倒头便睡。没想到，睡梦中竟把一件衣服踢下床，正好落在蚊香上，由此引起衣服燃烧。幸好及时被迟睡的父亲发觉，没有酿成火灾。

爱心小锦囊

蚊香使用不当，蝇头之火也会酿成巨灾。使用蚊香时，也要注意安全。

爱心小贴板

蚊香必须放在远离可燃物品的金属、陶瓷一类托盘里，或者直接放在没有可燃物的水泥地或泥地上，不宜放在人们容易碰倒它的地方。

预防气体燃料着火

目前，用于家庭生活的气体燃料主要有四类:煤气、液化石油气、天然气、沼气。煤气、液化石油气和天然气的用户主要是城镇居民，沼气则是农民利用自己建造的家用沼气发酵池供气使用的。这四种家用气体燃料都属于易燃易爆气体，使用不当都有爆炸起火的可能。比较而言，煤气、液化石油气、天然气一旦成灾，比沼气危害更大。

爱心小锦囊

煤气若有泄漏，与空气混合达到一定浓度，遇到明火便会燃烧或爆炸。煤气燃烧爆炸时，不仅火焰的温度高，而且扩散速度快，危害特别严重，哪怕是钢筋水泥建筑物，也能被炸得墙倒屋塌。

为了预防煤气燃烧爆炸，必须注意两点：

第一，要学会正确处理煤气泄漏的方法。通常情况下，煤气漏气的原因主要有六种：① 煤气表、管道进气旋塞阀或煤气管道与灶具的接头松动，或者其中的填料老化。② 灶具的开关芯子部位或者开关阀与喷嘴的连接密封不严。③ 管道阀门的阀杆与压母之间的缝隙处填料松动。④ 连接灶具的橡皮管两端接头处松动。⑤ 橡皮管年久老化出现裂纹。⑥ 管道或煤气表本身受煤气腐蚀而生锈穿孔。

如果你在家中闻到煤气味，千万不要划火柴或使用打火机，也不能开关电灯、拉（合）电闸、拖拉金属器具等，因为这些动作都容易产生火花，引起煤气爆炸。正确的处置方法是：首先关闭煤气管道进气旋塞阀，断绝气源。在门窗外没有火源的情况下，应打开门窗放进空气。然后通知煤气公司速来抢修。倘若煤气泄漏严重，则应拨打“119”或“110”，向公安、消防部门报告。

第二，要严格按照有关规定，安全使用煤气。点火后人不能远离，谨防火焰被风吹灭或者被煮沸外溢的汤水浇灭；否则，煤气大量从燃具的火孔中外泄，一遇明火就会形成火灾。不用煤气时，必须立刻切断气源（即把煤气表前的管道进气开关和灶具上的旋塞阀开关全部关闭）。厨房间内不可存放木柴、纸盒、汽油、煤油、酒精等易燃易爆物品，不可使用煤炉、煤油炉等有明火的炉具，也不要在里面睡觉。否则，一旦煤气泄漏，就会造成严重后果。

家中装有煤气取暖器的，使用过程中也应谨防火灾。方法是：保持房间通风透气，睡觉时停止使用。家庭使用煤气热水器的，要督促父母不将热水器安装在洗澡间里，因为洗澡时门窗紧闭，热蒸汽增多，而煤气燃烧时要消耗大量氧气，如得不到新鲜空气的补充，煤气热水器上的火焰就会自动熄灭，从而形成煤气泄漏，使人中毒或引起火灾事故。

安全使用天然气的方法，与安全使用煤气的方法大致相同。

液化石油气是石油加工过程中的一种副产品——碳氢化合物，常温常压下呈气体状态，在不断降温或加大压力的条件下变成液态，这就是它必须用特制钢瓶贮存的原因。它因使用方便、污染少而成为目前城乡居民常用的燃料。但是，使用中稍有不慎或灶具设备出现故障，也很容易燃烧爆炸。据测试，1 千克液化石油气爆炸的威力，相当于几千克的 TNT 炸药。

安全使用液化石油气，必须注意以下八条：

(1) 不懂得液化石油气的安全使用知识，决不贸然使用，更不可玩弄液化石油气设备。

苏州市金阊区一居民在使用液化石油气的时候，由于旋错方向，打不开灌满液化石油气的钢瓶角阀。于是他向邻居借来钳子硬扭，结果弄坏角阀，造成大量漏气，遇上旁边一只煤炉上的明火，立即酿成火灾，两人被烧伤。

(2) 液化石油气钢瓶与灶具之间的距离必须大于 0.5 米，防止灶火长时间烘烤钢瓶而引起灾害事故。

(3) 灶具点火后人不可远离，防止风把火焰吹灭或者煮沸的汤水溢出淋灭火焰，引起气体泄漏酿成灾害事故。用完后，先拧紧钢瓶角阀，再关掉灶具气阀。

(4) 液化石油气灶不可与煤炉、煤油炉等灶具同放一室使用。

(5) 不可用热水烫钢瓶或用火烧钢瓶。当液化石油气使用中火苗不旺时，有些人就用上述办法给钢瓶加温，这是十分危险的，特别是用火烧，更容易造成爆炸事故。

(6) 不可私自倾倒残液。

辽宁省一户居民在到液化石油气站加注燃料之前，唯恐钢瓶中残液多，加注量就会减少，不合算，于是就在自家院子里将钢瓶内的残液倒出来。不料，倒出的残液挥发到邻居家灶间，遇上明火随即引起爆炸。

还有些人错误地认为，把残液倒在抽水马桶内、厕所粪池里、地下阴沟中不会出事。其实，这样做危害更大。因为残液不能溶解于水，只会在空间四处散发，若遇明火就会燃烧爆炸。

(7) 不可自行修理液化石油气设备。

某地一位居民发现液化石油气钢瓶阀有点漏气，就用扳手自行修理,不料越"修"越松,液化石油气越漏越多,从而引起一场大火,烧死8人。

(8) 换气时要注意安全。一般情况下,换气应让家长去。如果家长外出,高年级学生自己去换,一定要谨慎,特别是换气回家后,要安装好调压器。安装前,应先看清调压器进气管前面的密封圈是否套在上面(防脱落),是否老化损坏。在确认一切正常的情况下,将调压器端平对准角阀,往左(逆时针方向)拧紧调压器手轮,直到拧不动为止。然后,用小毛刷蘸肥皂水抹在连接处,检查是否漏气。只有在不见肥皂水起泡(不漏气)时,才能使用。如果密封圈丢失、损坏,应购买新的调压器换上,不可自己制作代用密封圈。

农村青少年学生使用沼气的注意事项,可以参照以上所列的相应条款。

需要特别指出的是,沼气的气源一般就在自己家里。所以,保护气源是安全使用沼气的特殊内容。有的农村青少年学生想提高家中沼气池的产气量,把汽油、电石等易燃易爆化学物品投放到沼气池内,结果引起沼气池爆炸;有的在池内放进过量的油饼或干草,结果产生有毒气体,导致人畜中毒;还有的把农药倒进沼气池内,结果,不仅提高不了产气量,还杀灭了促进沼气产生的烷菌。

预防电灯、电线起火

白炽灯引发的火灾事故,往往都是由于灯泡产生的热量烘烤附近的可燃物而引起的,也有因电灯泡爆炸而引起的。因此,不应让灯泡挨近、接触可燃物品。按照防火要求,白炽灯泡与可燃物之间必须保持50厘米以上的距离。有些学生为了看书方便,用电线把电灯泡挂在板壁、家具上甚至蚊帐内,这样做很容易引起火灾。还有些学生视力不佳,为了看书清楚,在有灯罩的台灯、落地灯、壁灯上换用大功率灯泡,这样容易把灯罩烤焦起火。还有些学生用布料或纸张自制简易"灯罩",这就更容易引起火灾了。另外,绝对不能把电灯泡拉进被窝里加热取暖。还要防止使用中的电灯泡碰到冷的东西而发生爆炸。

日光灯所引起的火灾，一般都是由于镇流器出了毛病。有的高年级学生自己装日光灯，往往把镇流器安装在木板、梁柱等可燃物上，位置并不通风。这样，镇流器通电工作后，产生的热量散发不出去，会使固定在一起的木板、梁柱烤燃起火。

长时间连续使用日光灯，镇流器的"体温"逐渐升高，促使线圈绝缘老化，从而出现线圈匝间短路、电阻增大，沥青熔化，这也容易引发火灾。使用镇流器不当，其功率与日光灯管不相匹配，也会导致镇流器"体温"升高而起火。

爱心小贴板

安装、使用日光灯应该注意以下几点：① 连续使用时间不宜过长，不用时即应关闭。② 镇流器安装必须规范化，即铁盒底部应朝上安装，而且不装在可燃物上和通风不良、观察不清的地方。③ 遇到异常情况即停止使用。例如，听到镇流器发出异常响声，闻到焦味，均应关闭日光灯，请电工检修。④ 使用与日光灯功率相同的镇流器。

电线起火一般有两种情况：一是电线超负荷起火；二是电线老化起火。这两种情况在当前居民家中都时有发生，对学生的生命安全直接构成威胁。

为防止电线超负荷起火，在使用大功率家电产品（如电冰箱、微波炉、空调器、洗衣机等）时，要谨防总用电量超过电源线路的安全电流值。因此，尽可能不要同时使用几种大功率的家用电器，尤其是在公共用电高峰时间，更要注意。另外，要督促家长安装符合规格要求的保险丝（不能用铜丝、铁丝）或电路断开器，万一出现超负荷用电，就能自动切断电源，化险为夷。

爱心小贴板

为了预防老化电线起火，最根本的方法当然是更新电线。青少年学生在线路未曾更新的状况下，特别需要注意：不在电线附近玩弄竹竿、木棒之类的东西，以防碰擦老化破旧的电线而引起短路。若发现家中电线和电器的电源引出线破旧损坏或电线接头处胶布松散、脱落，要提醒家长请电工进行更换、检修，不要自己随便动手。

谨防触电事故

触电事故对人体的危害，在某种程度上比火灾还要严重：一旦发生，几乎无法逃避；而且，严重触电者救治的可能性很小，对生命的威胁更大。

青少年的触电事故多数发生在家中。常见的起因是：① 身体碰到带电的裸线或者是绝缘体破损的电线。② 身体碰到带电的灯头开关、插座的导电部分或者非完好的电器部件。③ 湿手接触未经安全接地（或保护接零）而且漏电的电器外壳。④ 在绝缘电线上晾晒衣物或牵挂铁丝等金属物，使电线的绝缘层磨损而导致触电。⑤ 在单根线路上装接过多的电器，造成电流超过电线和器件的承载能力，从而导致人身触电事故或火灾。另外，电子捕鱼也会触电。不信请看：

某年中秋节的上午，江苏省如东县新光乡村民李某与儿子一起带着铁丝圈成的鱼兜、电源放大器等工具，来到村旁的江边捕鱼。父子

爱心小锦囊

家电使用不当，既可能导致触电，也可能引发火灾。因此，安全使用家电，已经成为广大青少年自我保护的重要内容。

俩用大功率蓄电池作能源,赤着脚在江边操作。当鱼兜下到水里,电源接通之后,李某儿子不慎一只脚碰到了江水,立即触电,一头栽入河里。李某见状,心慌意乱,没有切断电源,就伸手去拉水中的儿子,结果也触电倒入江中。村民们闻讯赶来将他们打捞上岸时,两人都已气绝身亡。

李氏父子的悲剧特别值得农村青少年学生注意:国家是禁止在内河和鱼池中用电捕鱼的。即使在江海里用电捕鱼,虽不犯法,却也十分危险。青少年不但自己不要冒险,而且应该劝告父兄、乡邻,切勿从事这种活动。

了解了日常触电事故的一般原因之后,也就可以归纳出安全用电应该注意的一般要点了:① 对新安装或长期未用的电器,在使用前都应先用测电笔检查一下是否漏电。如发现漏电,应马上切断电源送去检修。② 各种电器的电源线和接地线必须是绝缘线,不得使用裸线。③ 不懂电气基础知识和电器装修技术,千万不要自己安装或修理电器。④ 凡是用三芯插头(插座)的电气设备、电器产品,要定期查看接地(或接零)状态是否完好,预防地线破损导致使用时触电。⑤ 收音机、电视机的室外天线不要架设在电杆上或电杆附近,而应单独架设,并与电杆和周围的电力线保持安全距离,且要接好地线(最好安装避雷器),预防雷击。⑥ 不要在电线上晾晒、挂置衣物,排除一切磨损电线绝缘层的隐患。

安全使用电视机

电视机爆炸起火事件,在国内外都时有发生。河南省巩县一煤矿职工一家三口在看电视时,家中的日本原装 18 英寸日立牌彩电突然爆炸,全家倒在血泊之中。据统计,某些地区消费者协会一年受理的电视机爆炸案例高达百余件,在这些案例中都有人员死伤。

分析电视机起火或爆炸的原因,除了产品本身的质量问题外,有的是使用时间过长,或者关机后电源未切断,机内热量过高,烧坏电子元件，以致电源变压器的线圈短路，绝缘层炭化而起火；有的是电源电压不稳，造成短路起火；有的是雷雨天气时，雷电通过室外架设的电视天线导入电视机内，导致起火或使显像管爆炸……为了预防电视机起火爆炸，必须掌握安全使用的有关知识。

电视机出现故障一般总是有迹象、有先兆的。例如：电视机里放出刺鼻的臭味，荧光屏上的图像突然消失，或者有雪花状的亮点在闪烁，或者发出耀眼的白光，等等。这些迹象往往表明，机内出现高压放电。此时，应立即关掉电视机，然后送到专业维修店去修理。

万一面临电视机起火，要采用正确的方法灭火。电视机内突然冒烟，不可用水去浇，而应首先拔下电源插头，接着用棉被等不透气的物品把电视机紧紧包裹住，机内缺乏空气，火便会自灭。

一次使用电视机的时间不要过长，一般控制在五六个小时之内；若需连续收看，应关机散热一段时间后再开。电视机用过一段时间后，应打开后盖用微型吸尘器或软毛刷清除机内灰尘。使用室外天线的电视机，遇到雷雨天气应尽量不要开机，而且要把连接室外天线与电视机的插头拔掉，以防雷击。

爱心小锦囊

防范电视机起火最根本的措施是平时要摆放好、使用好电视机。摆放电视机的地方必须便于通风散热，接触不到水。存放汽油、酒精、油漆、液化石油气的房间内，严禁摆放、使用电视机和其他家用电器。

安全使用洗衣机

一次放入洗衣机内的衣物不能超过规定的重量，而且事先要把衣服上的绳、带、发夹、硬币等小物件取出或作固定处理，以防波轮被卡住或超负荷运转，甚至停止运转。倘若这种状况持续一定时间，则电机就有可能因线圈过热发生短路故障而起火。

沾有油漆、柏油、油渍等污物的衣服刚用汽油、酒精、香蕉水、苯类等易燃液体洗刷过后，应拿到室外晾干，使易燃液体挥发尽后，再放入洗衣机内洗涤。否则，这些极易挥发、相对密度很低、又不溶于水的可燃物分子在洗衣机内和空气混合，达到一定浓度后，可能形成爆炸性混合气体，一旦遇到洗衣机的定时器、连锁开关或传动皮带在转动中产生的火花或静电，便会导致爆炸或起火。

安全使用电冰箱

应经常给电冰箱除霜。特别是接水盘容量小的电冰箱，更要注意这一点，以免电冰箱内结冰过多，化霜时有水滴顺着内壁流入监控、照明等电气元件上，产生漏电打火现象，引起电冰箱内壁的塑料燃烧。

爱心小锦囊

青少年学生切不可拿电冰箱开关闹着玩，不能时关时开。

电冰箱内不能存放酒精、乙醚、汽油等化学物品和丁烷气瓶等压力容器。因为这些物品即使在瓶口密封和低温条件下，也极易挥发，电冰箱的电动机在启动或关闭时，电气开关内的金属触点上可能迸发出电火花，一旦遇到这些挥发的易燃气体，即会发生爆炸燃烧。

电冰箱切断电源后，5 分钟内不得再接通电源使用。因为断电后，电冰箱内的制冷剂在制冷系统中需要经过 3 至 5 分钟时间才能降温减压，如果在制冷剂处于高温高压的气化状态下接通电源，这时电动机的启动电流超过正常值约 10 倍，容易烧毁电动机，甚至造成意外事故。如果给电冰箱安上一个“家用电冰箱全自动保护器”，那么安全系数便大多了。

安全使用电风扇

电风扇连续使用的时间不能太长，一般开了四五个小时后就应该关机。质量差的电风扇，使用一次的时间还应再短一些。因为连续使用时间太长，会使电风扇里电机线圈升温过高而被烧毁，旁边若有可燃物，便有可能引起火灾。外出时，家中的电风扇必须关掉。使用过程中遇到停电，也应关掉电风扇，以保安全。

还应注意不要把水弄进电风扇的机头里。否则，电机线圈的绝缘强度会大大下降，容易产生短路而被烧毁。且不要在存放易燃易爆物品的房间里使用电风扇。在使用中若发现电风扇出现转速减慢、有焦煳味、冒黑烟等不正常现象，应立刻关掉，拔下电源插头，送维修部门检查修理。否则，容易损坏机件，甚至引起火灾。

安全使用收录机

收录机是广大青少年学生十分喜爱的，似乎也不大听说收录机酿成大祸。但实际情况并非如此。

人称“歌迷”的高二学生小王几乎天天离不开收录机。他叔叔是电工，曾告诫他，不用时一定要把电源插头拔掉，不然容易出事。他却不以为然，结果不幸被他叔叔言中。有一次就因未拔插头，使用时间过长而导致收录机起火，房间里的家具也大都被烧毁，若不是报警早，消防队出动快，损失将会更惨。

为什么收录机不拔插头也会引发火灾呢？因为关掉收录机后如果不拔电源插头，机内的电源变压器还是在通电的，变压器的铁芯和线圈产生的热量就会逐渐积蓄升高，达到燃烧点后便冒烟起火。所以，安全使用收录机的关键就是，不用时务必拔掉电源插头。

安全使用电熨斗

电熨斗不同于其他家用电器，它是随着通电时间的增长而不断升温的。一只70瓦的电熨斗通电50分钟后，其表面温度可高达650℃。如将它平放在一厘米厚的松木板上，一分钟后木板就会燃烧起来。另外，使用如不得法，电熨斗本身也可能直接起火。所以，青少年学生在使用中应该格外谨慎。

平时使用电熨斗应注意的安全问题比较多，归纳起来，大致有以下几点：

(1) 使用时人不要离开。由于电熨斗升温速度快，若在操作时间内离开去干别的事，电熨斗表面会因通电时间长而温度过高，使触及的衣服或器物起火。

(2) 掌握适当的温度。要做到这一点，首先必须懂得什么料子的衣服应使用多高的温度，在电熨斗的说明书上，对此以及对调节温度的方法一般都有介绍，使用前应仔细阅读。

(3) 要选择合适的搁置物。从电熨斗通电使用到结束，都不可将它放在木板、塑料等可燃物上，也不可放在木板、塑料等可燃物上面的金属块等传热物上，以防高温传导到下面的可燃物上引起火灾。有的电熨斗配有搁置架，否则可用不燃隔热材料做一个带撑脚的电熨斗专用支架。如果家中置有烫衣板，则可放在其一侧的铁架子上。

(4) 使用过程中遇到停电时，必须拔下电源插头，谨防来电后电熨斗持续加热出现高温，导致旁边或底部的可燃物炭化起火。使用中如要去干别的事，也不可忘记拔掉电源插头。

(5) 每次用完电熨斗，必须等它冷却后才可收藏。据测试，普通电熨斗600℃降到30℃，需要一个多小时，如过早收拾、存放，电熨斗上的余热可能引燃存放处的可燃物而起火。

(6) 不能随便把别人家的电熨斗借回家中使用。因为不同容量的电度表适用不同功率的电熨斗，而各家的电度表是不一定相同的。一般情况下，2.5安(培)的电度表应用300瓦的电熨斗，3安(培)的电度表可用500瓦的电熨斗。如果小电度表用上大功率电熨斗，则可能烧坏电度表或使电源线路过热起火。

安全使用电吹风

有一天，苏州市煤矿新村居民杨某回到家中，不禁被眼前的景象惊呆了：一只五斗橱以及橱内的羊毛毯、皮大衣、羽绒衫、西装、毛线等价值3000多元的财物被烧成了灰烬，旁边幸好没有可燃物，否则后果不堪设想。杨某痛惜财产损失，但更痛恨自己使用电吹风麻痹大意。原来，她早晨上班前用完电吹风后，忘了拔掉电源插头。

现在，家庭经济条件较好的青少年学生，自己使用电吹风的情况越来越多，操作时必须注意以下三点：

（1）用完后，随手切断电源。如在使用中停电，更不要忘记马上切断电源。

（2）在使用过程中，不可把电吹风放在可燃物上。

（3）刚用完的电吹风，应放置在不燃物上，待它冷却后再收存起来。

爱心小锦囊

一般情况下，电热杯10分钟即能煮沸一杯水；如果再连续通电5分钟，那么这杯水就会烧干；再通电29分钟，则可引起杯旁的可燃物起火。

安全使用电热杯

高三学生李辰，因集中精力背书，忘记了正在烧水的电热杯。直到嗅到一股木炭焦味，才如梦初醒，奔进屋子里一看，木板桌已着火，胶木做的电热杯底也已烧穿。这事若发生在他入睡时，后果就严重了。

安全使用电热杯的关键是杯子接通电源后

人不能离开。这样,一方面可防止杯中液体煮沸后溢出杯外,破坏绝缘,造成短路而起火;另一方面,便于掌握时间,及时拔下电源插头,免得杯中液体被烧干而导致起火。如在使用中遇到突然停电,也应拔下电源插头。

爱心小贴板

除了安全使用电热杯外,还要注意对电热杯的保护。将杯中刚煮沸的开水或食物倒出来后,应马上往杯中倒入冷水,避免余热烧坏杯体,埋下隐患。在洗刷时,不能将杯子浸入水中,以防杯内安装电热丝的部位受潮浸水,破坏电热杯的绝缘性能,导致下次使用时短路起火。一旦插头被弄潮,必须擦(晒)干,方可使用。

安全使用电热毯

江苏沛县沛城镇和新沂市港头镇曾经接连发生过两户居民家失火,烧死2人的治安灾害事故。后据调查,失火原因都是电热毯使用不当所致。这样的案例,冬季在其他地方也时有发生。那么,怎样安全使用电热毯呢?

使用电热毯前,必须仔细阅读使用说明书,严格按照说明书上的要求去做,才能保证使用电热毯的安全。具体来讲,应当做到:

(1) 区别类型,谨慎选择。电热毯的性能,因其中的电热丝不同而有所区别,主要分为直线型和螺旋型两大类。后者比前者价格高,质量好,抗拉力强,抗折叠性能好,可在各种床上使用;而直线型电热毯不能用在席梦思、钢丝床、弹簧床等伸缩性较大的床上。选用不当,难免发生危险。

(2) 小心铺放,小心折叠,防止造成电热丝短路。使用电热毯的床垫必须平整,不能有尖锐突起部分;电热毯必须平铺在床垫或棉絮(褥垫)上面,(不能置于棉絮、褥垫的中间或者棉絮、褥垫的下面),不能折叠起来使用,最好在电热毯的四角缝上布,再分别用带子扣在床的四条腿上,以防睡觉时电热毯拱折。收藏时尽量不要折叠,洗涤时,要用毛刷蘸水刷洗,不能用手揉搓,防止电热丝被折断。

(3) 正确使用,用完不忘拔下电源插头。电热毯的控制键(调温开关)上,一般标高温、低温两个挡位,使用时不可拨错。一般电热毯接通电源后 30 分钟,温度就可升到 38℃左右。此时,应把调温开关拨到低档或者关掉。不然,加热时间过长,温度持续升高,容易使电热毯上的棉布炭化起火。铺有电热毯的床上,不可堆放重物,更不可在床上蹦跳。使用中若出现开关不灵、时热时不热或者根本不热等故障,应送专业维修店。取回后,通电观察两三个小时,确认一切正常后方可使用。

(4) 要定期更换电热毯。一般情况下,用过 3 至 5 年就应更新,否则容易出事。

安全使用空调器

随着社会经济的不断发展和人民群众生活水平的不断提高,城市家庭安装空调器的越来越多。但是这种高档家用电器有时也会“发火”。尤其是窗式空调器,如果安装使用不当,更会潜伏着种种危险。

使用窗式空调器必须注意:不要硬把家用窗式空调器的单相三线插头插到 380 伏的三相电源上去。否则,插头会被击穿,从而引起电源线起火。

使用空调器制热时,不要让窗帘和其他可燃物靠近它,防止这些可燃物受热时间过长而起火。在使用过程中,要注意空调器的声响、性能变化,发现异常情况要立即关机,拔下电源插头。

安全使用电炉

使用电炉危险性大,现在许多单位都明令禁止。如果因特殊情况非用电炉不可，那么应该注意两点：一是家庭安装的小电表容量有限，使用电炉容易超负荷，从而引起短路触电甚至火灾。二是在没有插头、插座的情况下，使用搭线等方法接通电炉使用，也很容易触电或失火。

江苏省如皋市郭元乡农民薛某便是因私自搭线而死亡的。那天，在上海打工的薛某想用电炉烧水煮饭。他的电炉既无插头，旁边也没有插座，于是他用一根铜丝作导线，想把电灯线与电炉接通使用。当他手捏铜线刚搭到电灯的螺丝灯头上时，灾祸就发生了。

安全使用电磁炉

进入冬季，电磁炉除了用于烧菜外，还普遍用于火锅底座。不过，电磁炉在使用过程中，如果方法不当或是不注重细节，则可能导致触电、火灾等事故发生。

专家提醒，在使用电磁炉过程中，一定不要用湿的东西擦洗表面尤其是电源连接处，以免发生触电危险。由于电磁炉发热之后热量会迅速集中到锅底，锅里的油温会迅速上升，锅边如沾有水珠滑入锅底则十分危险，所以应该将锅底用干布擦干后使用。在清洁电磁炉时，不要用坚硬的铁刷、钢丝球等擦洗，防止因为破坏漏电保护层而导致漏电。如果厨房内湿度大、排烟情况不佳，容易造成电磁炉电路板集聚油污，以致腐蚀电子元件，损坏线路绝缘体从而引起短路，产生火灾隐患，所以厨房内要保持清洁，并注意通风。

此外，在使用电磁炉过程中要确保电磁炉

爱心小锦囊

电磁炉使用完毕后表面仍留有高温，切勿触碰表面，以免烫伤，应让其在通风环境中自行降温。

的散热扇控制电路运行正常，使用完毕不要马上拔下电源插座，要等风扇将炉内温度降至正常自动断电后（即听到电磁炉里没有响动），才能拔下电源，以防留下火灾隐患。

预防一氧化碳中毒

爱心小锦囊

安全使用气体燃料有两条非常重要的原则：一是杜绝气体泄漏；二是保持室内通风良好。通风好，在气体燃料万一泄漏的情况下，仍有充足的氧气供应，不至于造成严重的中毒事故。

随着社会经济的发展，家庭使用煤气、液化石油气、天然气等气体燃料烧饭、取暖的越来越多。这些气体燃料如果使用不当，或者燃气具破损、关闭不严密、烟道堵塞，都可能发生一氧化碳中毒事件，因为煤气、液化石油气、天然气和沼气中都含有一氧化碳和其他对人体有害的气体，人体过量吸入就会引起中毒，严重的会致人死亡。

青少年学生使用气体燃料烧饭时，室内的风不能大，人也不要长时间离开厨房，防止风把燃烧的火苗吹灭，或者烧的饭菜溢出来浇灭了火苗，从而发生气体燃料泄漏，引起人中毒甚至火灾事故。烧完饭后，不要忘记关闭燃气具气阀，以防气体意外泄漏。还有，青少年学生在用气体热水器洗澡的时候，应当保持浴室内空气流动，水蒸气也不能太大，防止浴室内氧气供应不足，以致灭掉热水器的火苗，引起气体燃料泄漏，导致一氧化碳中毒事故，危及人身安全。

另外，使用煤球烧饭或者取暖，也要防止一氧化碳中毒事故。

2010 年，15 岁小芳的父母去了上海打工，留下小芳与奶奶一起生活。转眼冬至来临，北风呼啸，寒气逼人，晚上冷得特别厉害。往日，小芳与奶奶共眠，相互依偎还熬得过去。这天冬至夜，气温格外低，奶奶走亲戚又未回，小芳独自过夜，冻得久久不能入眠。忽然，她想到一个办法，把封好口未熄灭的烧饭煤球炉拎到了房间内，紧紧地关好门窗，迅速进入梦乡。

次日清晨，奶奶匆匆返回家，推开房门，一股煤气扑面而来，走到床前去叫小芳，没有动静，仔细一看，她已面无血色，气息奄奄。奶奶大声呼救，好在乡邻一位医生紧急施救，这才挽回了小芳的性命。

小芳的教训在于：不懂得煤球炉燃烧过程中产生的一氧化碳如果不能及时随着流动的空气散去，聚集到一定浓度，人吸进去就会引起煤气中毒，轻者昏迷、失去知觉，时间长的话，会致人窒息死亡。所以，使用煤球炉时，一定要保持空气流动，通风良好。

冬天，北方地区居民普遍采用煤气取暖，更应当防止煤气（一氧化碳）中毒事故发生。北京市预防煤气中毒工作协调小组办公室在2011年11月10日开展的预防煤气中毒集中宣传日活动中，提醒取暖户注意取暖安全，建议在居室内安装一氧化碳报警器。在日常取暖过程中，应当提高“一个意识”，即自防意识，不存侥幸心理。确保“两个畅通”，即：经常检查烟道，定期清理积碳，确保烟道畅通；室内要安装风斗等通风设备，确保空气流通。做到“三个严密”，即：封火要严密，烟道密封要严密，烟道与炉具连接要严密，保证室内不泄漏煤气。把好“四道安全关”，即：把好炉具关，使用合格的取暖炉具（即符合《民用燃煤取暖炉具安全要求》标准的炉具）；把好烟道关，严防烟筒等烟道漏气；把好通风关，安装风斗等通风设施，保证室内空气流通；把好排烟关，烟道出口处要安装弯头或“三通”，防止因逆风造成煤气倒灌。

预防食物中毒

某年的中秋节，常州市有100多人因食物中毒被送进医院，其中青少年学生占了相当大的比例。他们上吐下泻，严重的脱水休克。经医生检查，这些人都是在当晚食用一家熟食店出售

爱心小锦囊

平时要注意饮食卫生，不吃无证摊店出售的食物，不吃变色、变味、变质的食物，以免导致食物中毒。

的不洁卤菜而中毒的。

全国类似上述食物中毒的情况时有发生，只不过中毒人数有多有少，后果轻重不一而已。

另一种导致食物中毒的原因是吃了被污染的蔬菜、瓜果。蔬菜、瓜果在生长、采集、运输和销售的过程中，都有可能受到药物、病菌、寄生虫卵的污染。未经清洗就生吃，或者在不洁的水里一洗便吃，或者清洗不干净煮了吃，都可能感染肠道传染病或寄生虫病。特别是“1059”“1605”及其他含砷、铅成分的杀虫剂，毒性是很大的，在栽培过程中施用之后，可能残留在蔬菜和瓜果上。人们如果随食物把它吃下去，就可能引起化学性食物中毒。

有一位姓王的同学，平时喜欢生食瓜果和某些蔬菜，见了黄瓜、番茄，常常是拿起来用衣服擦一下，或者到水里涮一下就往嘴里送。这一天，他被送进了医院。经检查是生吃黄瓜后引起的化学性食物中毒，幸亏治疗及时，没有造成严重后果。从此，小王生食瓜果、蔬菜便十分注意消毒。他懂得了必须把生食的蔬菜、瓜果用清水冲洗干净，再用开水烫一下。能去皮的瓜果，要在洗清后再削皮生食。若有轻度腐烂，必须用刀剔除腐烂部分。

还有一种食物容易引起中毒，那就是野生蘑菇。这类蘑菇，有的无毒可食用，有的有毒不能食用。即使原来无毒的蘑菇，也可能因为变异而成为有毒蘑菇，一旦食用便会中毒。同学们在野外活动中，不可轻易采食蘑菇。

另外，酒精中毒也要引起青少年学生的注意。众所周知，少年儿童不宜饮酒，中小学的校规也都禁止学生饮酒。“小酒民”的出现，“大酒民”要负主要责任。我们仅在这里向青少年朋友谈谈饮酒的危害性。

不管哪一种酒，都含有酒精。有一本医学书上是这样说的：酒精是一种原生质毒物，饮用后会损害消化器官的黏膜上皮，并使周围组织充血、炎细胞浸润，甚至产生溃疡。首先受害的是胃，会使消化过程受到抑制。酒精还会作用于神经系统和大脑皮层，使条件反射紊乱；作用于心血管中枢，可使血管扩张，心脏收缩力减弱，血压下降；作用于呼吸中枢，使呼吸麻痹。饮酒过度会引起酒精中毒。

爱心小贴板

最严重的酒精中毒会导致呼吸停止而丧命。在现实生活中，大人因为饮酒过量而身亡的例子屡见不鲜，何况少年儿童！所以，为了下一代，我们恳切希望家长们不要给孩子喝酒，更希望广大青少年不要受家庭、社会的消极影响，无论在什么时候、什么情况下，都能自觉地做到不饮酒、不酗酒。

预防药物中毒

农村的青少年学生尤其要防农药中毒。国家明令禁止的一些剧毒农药（如“杀虫脒”）目前仍在某些地方的市场上销售，其危害性尤其不容忽视。有一年，江苏省东台市四灶工商所在对该乡农药市场的一次检查中，就查获“杀虫脒”325 千克，这是非常值得警惕的。农药如果保存、使用不当，极易发生人畜中毒事件，这样的事件在报刊上每年都有一些报道。

农村青少年学生中发生的农药中毒事件，大致有如下三种情况：① 误把农药当治病的药物服用。有些农药从药瓶包装到药物形状、色泽，都与某些治病的药物相似，家长和孩子必须注意识别。② 学生在劳动中接触农药后，不把手洗干净就拿食物吃。这样，农药就会随食物进入肠胃。还有些学生在参加田间劳动、施洒农药的过程中，不戴口罩，逆风操作，以致农药飘入口鼻而中毒。③ 家长们用沾有农药的手拿食物给小孩吃，引起中毒。

辽宁省瓦房市农民宋某请了 10 个人帮忙移栽西瓜秧。那天上午 9 时，刚搅拌过“1605”农药的宋某没有顾得上洗手，就心急火燎地去小店买了 10 斤饼干和一箱饮料，回家后，正好儿子和邻居、亲戚家的两个小孩在一起玩，看见饼干，闹着要吃。宋某毛毛躁躁地擦了两下沾有农药的双手，就抓起饼干分给了孩子们。结果，三个小孩全部中毒，经医院抢救，宋某儿子脱险，另外两个小孩丧生。最后，宋某被依法逮捕。她后悔莫及。

城市里，青少年学生擅自服用安眠药引起中毒的事例也时有所闻。尤其在中考、高考前，有些学生由于学习紧张，思想负担重，因而夜间失眠。如果家中备有安眠药，这些学生在不清楚服用剂量的情况下，有可能一次用量过大而造成事故。也有学生不适当地超量服用巴比妥类安眠药而造成急性中毒——药物抑制神经中枢，使呼吸和循环功能衰竭。

为防止这类情况发生，患失眠症的学生应该及时到医院去诊治，找出失眠的原因，在医生的指导下对症下药。治疗失眠症，常常需要药物治疗与精神治疗、体育锻炼相结合，才能取得较好的疗效。对青少年学生来说，体育锻炼是最有效的也是最佳的途径。

爱心小贴板

为了预防农药中毒，家长应该把农药存放好，防止孩子误服；另一方面，要讲究卫生，增强安全防范意识。施完农药后，必须反复洗净双手。回家后，最好先把外衣脱掉再做家务，防止衣服上沾有的农药洒落在食物中引起家人中毒。在田间作业时，尽量不要让孩子施用农药。如果帮助家长施用农药，首先要弄清楚安全使用方法以及有关注意事项，务必防止中毒受害。农村的青少年生病服药时，必须看清药物名称、用途，不可粗心大意，随意服用。

无论在城市还是农村，都要防止学生因误食被老鼠药污染的食物而中毒的事件发生。

有一个时期，广东省高要市金利镇连续发生多起人畜中毒死亡事件，经广东省和国家卫生部派出的专家反复调查化验，证明均为误食被含有剧毒物质的鼠药污染的食物所致。

广大青少年学生要从这些中毒事件中吸取教训，切勿误食药物污染过的食品和不明来历的食品。学生家长应该对子女的安全负责，要把老鼠药和灭鼠用的食饵放在小孩拿不到的地方，还需告诉小孩这是剧毒药物，不可触摸和食用。

谨防“手机中毒”

随着人们生活水平的日益提高和通讯便利的需要，手机在城市的学生中逐渐多了起来。学生长时间使用手机通话、发短信或者玩游戏，就会患上“手机中毒症”，这是医务研究人员调查发现的。其主要症状表现：学生过多使用手机，像沉迷于上网一样，出现精神忧郁、睡眠障碍等症状，对手机产生了强烈的依赖心理。如果长时间没有听到电话铃声，就会焦躁不安，无法集中注意力听课，严重时还会出现头痛等症状。一名女学生说，有一天上学她忘记带手机，结果一整天都魂不守舍，根本无法集中精力听课。而且，有的“手机中毒”学生会出现肩膀和手腕疼痛的症状。

因此，合理使用手机有益于青少年学生的身心健康。否则，必然身受其害。

外出时的安全防护

家庭、学校、社会三者是密切相关的。社会是家庭和学校的纽带与桥梁,青少年除了家庭生活、校园生活外,总要或多或少地接触社会。家长和教师辛勤地把孩子抚养、教育成人,目的也是为了把他们推向社会,使他们成为对社会有用的栋梁之材。因此,接触社会、了解社会、认识社会和适应社会,也是每个青少年学生所面临的一个课题。

随着社会主义市场经济的建立和发展,原有的传统规范、传统道德观、传统价值观正在发生变化,而新的规范、新的道德观和新的价值观尚未完全确立其应有的权威性,再加上因社会分配不公而导致的贫富差异,以及某些人法律观念、法制意识的滞后,致使有的人或进行暴力犯罪,或肆意生产假冒伪劣产品,或采用不正当手段坑害消费者。而在这部分人的违法犯罪活动中,他们首先选择的目标往往就是涉世不深、社会经验不足的青少年。他们的违法犯罪活动一旦得逞,不仅侵夺青少年的财物、伤害青少年的身体,更严重的是必将摧残青少年的心灵,造成极为恶劣的后果。青少年正处于人生发展的重要转折期,如果受到严重的伤害,很容易形成对社会的恐惧心理和交往障碍，把刚刚向社会开启的心灵窗口关闭起来，以致成年以后都难以形成健康的心理和完整的人格。对此，每个家庭、每个学校、每个学生都必须予以充分的重视。

搭乘校车应有所选择

2011 年 11 月 16 日，甘肃省正宁县榆林子镇幼儿园的一校车与一辆运煤货车迎面相撞，导致 20 名幼儿死亡，多名儿童受伤。

2011 年 12 月 12 日，江苏省丰县发生一辆校车侧翻事故，造成 15 名学生死亡，多名学生受伤。

据不完全统计，2011 年，北京、辽宁、陕西、山西和贵州等省（市）发生校车交通事故 7 起，造成 38 名学生、儿童死亡，50 多人受伤。媒体报导，这些发生事故的校车都严重超载，最多的载人数为核定载人数的 7 倍。有的校车甚至是雇来的“黑车”或私自改装的校车，还有的校车司机是吸毒者。

血淋淋的事实告诫广大青少年，乘坐校车应当有所选择，注意自身安全，防止发生意外伤亡事故，不安全的校车不但不要乘，而且应当向公安机关举报，免得这种校车危害学生安全和社会安全。

爱心小贴板

青少年学生选择乘坐安全的校车是一种自我保护。怎样的校车算是安全的呢？

安全的校车应符合国家安全规定的条件，贴有校车的专门标志，车上配有灭火器、医药箱、逃生锤，载人不超过限定数。也就是说，没有校车专门标志，或者是车上人数超过核定数量的校车，青少年学生不但不能乘，还应当立即报警。

购买车票防陷阱

青少年学生外出旅游或者到外地走亲访友之前的第一件事,通常就是购买车票。平时,到车站或者车票代售处去排队购票时,应当防范扒手偷钱款。如果在节假日车票紧张难买之际去车站购票,应当防范"黄牛"欺诈。若是通过购票网站买票时,应当小心谨慎,防范山寨购票网"钓鱼"骗钱。

2012年1月1日起,火车票实名制在全国范围内开始实施,很大程度上遏制了"黄牛"的倒票。购票"新规"的出台,"黄牛党"虽然大受打击,收敛了许多,但仍有少数"黄牛"以能搞到票为借口,骗取乘客的定金。当乘客付完钱后,对方便会玩起失踪。无凭无据,乘客想维权都难。另外,如果乘客把自己身份证提供给"黄牛",很可能被对方用于其他违法活动。因此,广大青少年千万不要听信"黄牛"的鬼话,更不要找"黄牛"购票。

胡某是陕西人,在苏州工作。2012年1月3日晚上7点左右,他上网搜索铁路客服中心,跳出了一个网页,上面还有一部联系电话,他拨通了电话称要买1月16日从苏州到西安的T138次列车。对方表示,要核实他的信息。于是,胡先生报出了自己的身份证号码和电话号码等资料。对方问他住处附近是否有ATM机,称会在机器上把订单号发给他,凭借订单号可以直接到火车站取票。

7点半左右,胡某通过自动取款机给对方账户上转入了175元,对方让他耐心等待,称马上就会显示订单号。然而过了15秒,银行卡自动吐了出来。胡先生觉得蹊跷,便打电话过去询问,对方称他没有按照正确方法操作,需要再来一遍。于是胡先生第二次插入银行卡,输入密码,对方让他点击转账,然后给了他一个口头密码,让他输入。胡先生按下了确认。这时,他突然感觉有点不太对劲,于是立即查看银行卡余额,发现少了8600多元。他猛然醒悟过来,先前自己进行的是转账操作。

2012年春节前,铁路部门推出了网络购票后,像胡某这样被山寨购票网“钓鱼”骗去钱财的案件一直高发。青少年学生应当警惕，切勿上当受骗。

其实，火车票网络售票还未全面施行时，一些“山寨网站”就已经在网络上注册，冒充政府、企业等网站行骗，让不少乘客上当受骗，类似的还有山寨民航网站。广大旅客在网络购票时，一定要认准官网和官方购票热线。

乘坐自动扶梯防意外

当今，大型商场和车站、码头普遍使用自动扶梯，方便购物者和旅客上下行动。一般来说，这种自动扶梯是有安全保障的。但是，由于扶梯的质量和维护保养管理等原因，近年来在北京等地先后发生多起乘坐扶梯者的人身受到伤害的事故，有的甚至导致少年儿童死亡。

2012 年 1 月 29 日中午 12 点半，北京一名 9 岁男孩在独自乘坐西单新一代商场自动扶梯时，将头伸到电梯外，被夹在五六层扶梯夹角中，当场死亡。对此，质监部门紧急提醒，市民特别是少年儿童乘坐自动扶梯时应当小心谨慎，不要做出一些危险的举动。例如，孩子贪玩，把自动扶梯当成了滑滑梯。这样，衣服容易被卡住，往往会造成人身伤害。

事实上，不仅是孩子玩耍时将身体伸出电梯会发生意外，像乘客的高跟鞋被卡在电梯断齿间，将身体靠在扶梯挡板上，行李箱拖拉撞到电梯即停开关，以及长裙、飘带卡进电梯损坏处，这些情况都非常危险。

质监部门特别提醒：乘客在乘坐自动扶梯

爱心小锦囊

紧急停止的红色按钮设在扶梯的上下两个出入口处的下部，并标有“停止”的字样，如非必要，严禁滥用紧急停机按钮，以免其他乘客跌倒受伤。

时，要在踏板的安全区域内，靠右侧站立，扶好扶手带，并与前方乘客保持安全距离，切勿在自动扶梯或自动人行道上奔跑、攀爬、嬉戏；儿童、老人、病人和残障人士应有专人陪同乘用；如穿着宽松，衣裙的边角飘带应与梯级、侧挡板保持安全距离；不要以脚接触侧挡板，或将身体靠在侧挡板、扶手带上，切勿将头或身体的其他部位超越扶手带；随身携带的重物不要放在扶手带上；乘梯发生紧急情况，比如人员摔倒或手脚被夹时，立即呼叫处在扶梯两端的人员，按下“停止”按钮，扶梯便会马上停止，避免造成更大的伤害。

按照国家规定，公共自动扶梯维保管理方必须在楼层夹角等处醒目设置“小心碰头”之类的警示牌以及紧急求助电话等安全提示，并安排专人监控电梯运作情况、定时巡查。同时，家长也必须真正对孩子负起监护责任，尽可能别让未成年人独自搭乘电梯。

爱心小贴板

乘客乘坐自动扶梯应当自觉遵守《乘梯须知》：

（1）儿童和老人搭乘自动扶梯时必须有成人陪同；

（2）严禁在自动扶梯上攀爬、玩耍、跑动；

（3）请站好扶稳，面向电梯通行方向，切勿将身体靠在电梯侧挡板或扶带上，严禁逆行；

（4）请勿将头伸出自动扶梯挡板以外，小心碰头；

（5）不要接触扶手带下面两侧的部位；

（6）不要将脚和衣物贴近梯级和扶梯边缘；

（7）请勿坐在自动扶梯上；

（8）严禁携带购物车、婴儿车搭乘扶梯。

保管好自己的物品

如果青少年学生把财物装在包里外出，要尽量做到包不离身、包不离手。最好把包斜挎在身上；不能斜挎的侧背包，要用手捂住包或用手臂夹住包；如果是手提包，则要紧紧地抓住包，不要松手，以防歹徒乘你不备之际抢走包。骑自行车外出，若把包放在车筐里，要把包带缠牢在车把上。假如发现车轮出了故障转不动，首先要把车筐里的包抓在手上或者背在身上，观察确定周围无可疑人后，再去查看车轮故障，防止坏人采用“缠车轮”“轧车胎”等手法转移你的注意力，趁机抢走你放在车筐里的包。

在商场里购物或在饭店里用餐时，要防止歹徒拎包行窃。青少年学生存放现金的手提包，切不可轻易脱手乱放，以防被他人乘机拎走手提包。

出身艺术世家的晓丽从小受父亲熏陶，除爱好诗歌外，还爱上了摄影。这天早晨，一场大雪使整个世界银装素裹，一片洁白，这对于生长在江南的晓丽来说是一个绝好的采景机会。她没来得及吃早饭，背起照相机就出了门，走街串巷捕捉着每个精美的瞬间，不知不觉两小时过去了，这时，晓丽才感到肚子饿了。她走进附近一家饮食店，要了一碗汤圆，同时取下脖子上的照相机放在桌上。晓丽的心似乎还沉浸在艺术世界中，趁服务员还没端上汤圆的空隙，她隔着蒙上一层蒸汽的玻璃，观察着窗外的雪景。“小姑娘，你的汤圆来了。”晓丽这才从梦幻般的世界回到了现实。可就在她转过身的一瞬间，她一下子惊呆了，刚才放在桌子上的照相机已经不翼而飞！

有的青少年朋友也许会说，晓丽是个“马大哈”。其实，生活中的晓丽是个十分细心的

爱心小锦囊

青少年学生携带物品外出时，要防止财物被他人抢夺、偷盗。千万不要认为，白天在大街上、商店里、饭馆内就安全无忌。

姑娘,她错就错在涉世不深,对社会上一些不法分子缺乏应有的警惕,这就使那些不法分子有机可乘。因此,每个青少年一定要从晓丽身上吸取教训,外出(特别是出远门)时要妥善看管好自己随身携带的物品。就餐时,应当将自己的提包等物放置在视线以内,如两人以上结伴同行,最好由一个人专门负责看管东西,以防被别人拎走。贵重物品,最好不要携带外出;必须携带时,尽量不要离身。如果骑车外出,在到达目的地时,应将车辆寄存,没有寄存处的话,要将车辆停放在比较热闹的地方,锁好再离开。发现自己的东西遗失,要迅速向就近的公安机关、治安保卫人员报案。

存放好身上的财物

金钱是社会上各种违法犯罪分子主要猎取的目标。因此,凡是身上携带现金(钱包)、手机外出的青少年,在思想上要引起足够的重视,做到处处提防,时时警惕,保管好自带的现金,以防被不法分子窃走。

家住苏州的小学生李伟向往拥有一台"小霸王"学习机有一年了。春节期间,他将父母及亲戚给的300元"压岁钱"一分不动地存入银行,然后期待着第二年春节时再得到这么多的"压岁钱",两年的"压岁钱"加起来正好可以买一台"小霸王"。今年春节,他又得到了300元"压岁钱"。这天,他按捺不住激动的心情,口袋里装着600元现金去商店购买朝思暮想的"小霸王"。他还没走进商店大门,忽然有人迎面撞了他一下,没等他反应过来,又有一个青年拦住他彬彬有礼地问:"小朋友,大井巷怎么走?"李伟告诉了他,那人非但没有答谢,反而朝着他诡秘地一笑,李伟感到莫名其妙。当他走到商店柜台前时,却发现自己口袋里的600元钱不见了。

李伟之所以遭窃,在很大程度上可能是因为他在银行取钱时"露了馅",被扒手看到后一直尾随着,然后伺机作案。

爱心小贴板

一些家长经常放心地让子女独自去购物,有时购买的甚至是大宗的或贵重的物品。青少年在完成这类任务时,要特别注意保管好身上的现金(钱包),最好把准备购物的钱与零花钱分开放,购物的钱可以放在比较隐蔽的内衣口袋或不易被人发现的地方,以免失落或被窃。乘坐公交车时,先要准备好购票的零钱,免得在车上掏钱买票时暴露自己放钱的地方,招来扒手行窃。

扒手的“用武”之地大都是在人多拥挤之处,因而青少年在乘车、购物或者影剧院散场时,要特别注意,防止衣裤口袋里的现金被扒窃。如果现金(钱包)放在包里的,要将包置于胸前用胳膊护住。否则,扒手会用划包或拉开拉链等方法,窃走你身旁或身后包里的现金。扒手一般有三个特点,只要仔细观察便不难发现。一是在商店、农贸市场、车站码头,扒手一般都不看货物,而是盯人,特别注意看他人的钱放在什么地方,而且哪里人多就往哪里挤。二是在公交车辆上,扒手往往利用上下车乘客拥挤之机下手作案,这个时候要特别小心。扒手上车后,常常不安分地挤来挤去,同时两只眼睛不停地转,专门窥视乘客携带的包和钱,不问路线和站名。待他们挤到作案目标(乘客)身边,车辆一晃动就下手作案。三是在人多的商场里和公交车上,扒手往往利用胳膊、衣物、报纸等物挡住人的视线,从后面或侧面把手伸向他人的衣袋行窃;有时故意找对象搭讪或与别人靠在一起,分散你的注意力,乘机下手作案。四是扒手喜欢挤在车门处,利用车子行驶中的晃动伺机作案,得手后就在下一站快速下车,逃之夭夭。五是连档作案,狼狈为奸。一个时期以来,为数较多的扒手(包括其他小偷)改变了过去“单打独斗”的作案方法,由几个扒手(小偷)结成团伙,“结党作案”,让善良的人们防不胜防。他们在偷扒行窃的过程中,为了彼此相互沟通、交流、提醒,又不被现场的他人觉察知晓,就私下约定了一些具有特指内容的"黑话",别人听了不知所云,但他们之间都心领神会。

根据南京公安机关反扒警察的介绍,小偷们在作案时将上衣上面口袋、上衣下面口袋、裤子两侧口袋、裤子后面口袋分别称为"天窗""平台""底兜""马后",连贯起来就是一句"行内"顺口溜:"上天窗、下平台、掏底兜、插马后"。此外,流行的黑话还有"宰死猪",意思是去"偷东西";而警察则被小偷称为"雷子""条子"或"板子"。

苏州公安机关的反扒警察列举的一些常见的"江湖黑话"也不少,比如上衣下面的左右口袋叫"正二楼",如果将钱包装在这里就叫"泼水";上衣内测的口袋叫"内三楼",虽然是在里面的衣服,小偷也能想办法偷到,他们称这个手法为"剥皮吃肉";而一些相对安全的口袋,也有称号,比如内口袋会被称做"别墅暗楼""定制马甲",虽然从这些口袋盗窃难度较大,但小偷借助锋利刀片划个口子强行窃取的情况也不是没有,他们称这种方法为"快刀开膛"。

另外,还有一些小偷相互交流的"黑话",如:挑(即倒卖,销赃),匠人、钳工(即小偷自称),踩盘子(即事先踩点),背壳子、找光明(即掏宝),皮子(即钱包),皮子肥不肥(即钱多不多),搭架子(即采用障眼法,阻挡目标或他人的视线),骑马(即专偷电动车、自行车),趟活(即"检查"目标身上是否有财物,以确定对象),地道(即裤兜),大院子(即监狱),风不正(即人多行窃不成),等等。

青少年学生外出时,发现上面这几类可疑的人,或者听见"江湖黑话",应当特别小心,如果有可能,一定要迅速检查自己的包或提醒周围的人提高警惕,留心自己随身携带财物的安全,并且尽可能地移位到别处,以免受害。

当心车站码头的拉客者

寒暑假或假日,有的同学往往要外出旅游或到亲戚家做客。

当你到达目的地车站码头时，迎面而来的常是一大群拉客者。这时，你一定要小心谨慎！现实生活中，因轻易相信拉客者的花言巧语而受骗上当的教训实在太多了。

高中学生姚永涛征得父母同意后，与另外两名同学利用暑假一起坐船来到风景秀丽的杭州游玩。姚永涛等三人刚跳下船舷，便有人主动迎了上来，热情地问道："你们是来旅游的吧？"接客者特别热情，见姚永涛他们没有吭声，便又自我介绍起来："我们的旅馆离西湖不远，你们出去游玩很方便。我们收费也不贵，这对于你们学生来说是最合适不过的，怎么样？走吧。"说完，不容姚永涛他们思考，那人提起姚永涛的旅行包就走，并且把他们带上了停在码头边的一辆中巴车。汽车驶进市区，秀丽的西湖不久便出现在眼前，姚永涛他们激动得一阵欢呼，可是没有等他们激动的心情平静下来，汽车又驶出了市区。"你不是说旅馆离西湖不远吗？怎么现在开到了乡下？"姚永涛感到不对劲，疑惑地问道。那拉客者阴阳怪气地回答道："是啊，我是说离西湖不远，这里总比你们家离西湖近得多吧。"姚永涛见那人耍赖，便高声嚷道："我们不住了。""不住可以，但交通费总要付吧？"拉客者威胁道。"要多少？""合情合理，每人 50 元。""哪有那么贵？这不是敲诈吗？""小兄弟，出门在外说话可不要伤和气啊。"这时，边上又有两个人流里流气地出来帮腔。姚永涛等见他们人多势众，无奈只得每人付了 50 元钱，下车了事。

从许多案例来看，姚永涛他们还算是"幸运"的，比他们的遭遇更惨的还大有人在。有的女学生因轻信拉客者而被骗至肮脏的个体旅社遭到他人无端的侮辱甚至强暴，使她们在心灵上留下了永远难以弥合的创伤。还有同学被那些拉客者利用威胁、恫吓等各种手段猛"宰"一刀，使自己随身携带的现金所剩无几。

爱心小贴板

青少年如果在没有父母陪同的情况下独闯外地，对那些拉客者应始终保持清醒的头脑。如果是到亲戚家去，那么最好不要理睬那些拉客者。万一你发现自己被人骗了，也要机智一点——先把他们拉客车辆车牌号码记下来，再记下他们旅社的门牌号码或具体方位，随后拨打“110”报警，或者等到第二天，你装假外出游览，再向有关部门举报。

投宿旅社注意安全

张元明一觉醒来，发现太阳已升得很高，一看手表，已经过了10点，但张元明依然感到很困，眼睑像灌了铅似的直往下垂。他觉得有些奇怪，作为学校排球队的队员，他每天都是6点起床进行素质训练的，而今天挪了个窝，睡在这旅社里怎么会这样困乏？他强打精神，钻出被窝穿衣起床，蓦然发现自己放在床头柜里的旅行包不见了——口袋里的2000多元现钞也不翼而飞。情急之中，他迅速跑去服务台，向服务员报告了这一情况。公安人员来到旅社，简要地询问了张元明一些情况后，对整个房间又作了一番环顾，最后拿了张元明用过的一只普通茶杯，请他一同返回公安局。公安人员经过化验，很快查清了失窃的真相。原来，昨晚张元明投宿旅社后，同住一室的一个外地人对他很热情，先是倒茶，继而又拿出自己包内的饮料给他喝。初次出门的张元明感到盛情难却，欣然喝下了饮料。谁知这饮料内竟掺有安眠药粉，外地人见张元明已被“放倒”，就肆无忌惮地将他随身携带的钱物洗劫一空，扬长而去。后来，这个外地人落入了法网，张元明失窃的财物也被全部追回。

旅社是社会上最为复杂的公共场所之一，不论好人还是坏人都有可能在旅社栖息过夜，而一些犯罪分子（特别是流窜犯）

又常常把作案地点选择在旅社。所以青少年朋友在投宿旅社时要有足够的警惕,要处处注意安全。

爱心小贴板

自己携带的物品,除了洗漱用品和换洗衣服外,应当全部寄存在旅社的包裹存放处,或者锁在客房内的保险柜里。若与其他旅客同住一室,要防别人趁你睡着时掏你的口袋,最好存放少量现金在内衣口袋,然后穿着内衣入睡。在与同房间的旅客闲聊时,不要太热情,更不要轻易暴露自己的家庭住址以及家庭成员的详细情况,以防被别有用心的人利用;当对方给你喝饮料、抽香烟或给你吃糖果之类的食物时,应该婉言谢绝,谨防其中有诈。

步行途中防袭击

随着城市建设规模的不断扩大,跨地区就读的学生与日俱增,同时又因为受学校作息时间所限,学生上学和放学大都是在清晨和傍晚,而这两个时间段人流量少,一些违法犯罪分子就瞅准这个时候,往往乘机实施拦路抢劫、强奸等暴力犯罪。这类案件在农村的发案率往往更高。

犯罪分子实施此类犯罪,一般有两种手段:一种是尾随伺机下手;另一种则是在某个地点守候,一旦目标出现就突然袭击。对于第一种犯罪手段,一般说来比较好对付,当发现有形迹可疑的人一直尾随着你的话,你可以走到人比较多的地方,然后停下来对尾随者大喝一声:“你想干什么?”尾随者因做贼心虚,一般会撒腿逃跑,否则会引起周围的成年人的警觉和干预。对于第二种犯罪手段,如果一旦遭遇歹徒袭击,首先应保持冷静,不要惊慌失措,要善于观察,如发现周围有砖头、木棍之类的东西,你可以捡起作为自卫武器,震慑对方,但不要过于激烈反抗,以免人身安全受到伤害;然后尽量记住犯罪分子的体貌特征、口音和车牌号码等,以便事后为公安机关侦破提供依据。当然,这只是不得已的情况下采取的防卫手段,如果能做到防患于未然就更好了。

怎样才能做到“防患于未然”呢?一般来说,农村学生最好不要单独在夜间外出,若有事一定要外出,也应结伴而行。如果不得不独自夜行,那么,应当走大路,千万不要贪近而走乡间小道。因为一些拦路抢劫、强奸的歹徒常常潜伏在这些地方。城市学生夜间外出,要尽量选择路灯较亮、行人较多的道路行走,最好邀上同伴共行。但是,不要跟陌生人同行,更不能随陌生人去玩耍或旅游,以防不测。一般来说,外出路途远的,乘坐公共交通工具较安全。

另外,生活在有野猪、野狼出没的原始森林、边境地区的青少年,应当防范野生动物对人身的伤害,尽量不要单独外出活动。往返学校时,应当选择安全线路结伴而行,最好有家长护送。

银行取(存)款要注意安全

现在,有些高中、大学的学生使用银行卡存款、取款,这时候,应当特别小心谨慎,防止遭遇歹徒抢劫。

到银行存款、取款,尽量有自己人陪同。在校验密码时,注意一米范围有无人,填写有误的存款单据,不要随手扔掉,应当到别处撕碎,因为误填的存款单上有你的银行账号和身份证号码。

从银行取钱出来要尤其小心,仔细观察周围有无人跟踪,如遇抢劫,应大声呼救,记住对方车牌号码和体貌特征,报告警方,以便查缉歹徒。身带大额取款乘车时,不要将肩包或手挎包外露;步行时,应当把包跨在靠人行道内侧一边。夜晚和清晨,尽量不要到银行自动存(取)款机上去存(取)款;如果必须前往,应当结伴同行,并且尽量走行人、车辆多的道路。

走路也要讲安全

这里讲的走路安全,主要是指青少年学生走路的时候,要选择平整、坚实、安全的道路行走,尤其是晚间走路更要当心,不要为了急于赶时间、图省力而抄近路，行走坎坷不平的路，或者跨越小溪赶路，甚至冬天在结冰的河道上行走。因为在这些地方走路，容易摔跤跌伤，掉入水中，沉入河底，危及性命。

一天下午，延安市安塞县某中心小学的7名学生，在去学校上晚自习的路上，为了走捷径，竟然冒险从结了冰的河面上行走，由于冰面断裂，7人全部掉入河中。除一名男学生侥幸爬上河岸外，其余6名学生全部溺水身亡。

还有，同学们在一起走路的时候，不要追逐打闹，免得失足摔跤，皮肉受伤，甚至发生骨折、亡命等不安全问题。

家住同一个居民新村的初三学生小张、小王、小卓，常常放学一起回家。这天中午，外边下着细雨，回家的路上他们三人又走到了一起。小张对小卓说，你与小花（化名）挺谈得来的，我看倒是蛮配的一对……小卓听了举手欲打小张，小张见势不妙，掉头便逃。小卓随其身后追赶。由于路面较滑，小张跌了一跤，造成腿部骨折，住院治疗三个多月，不仅花去8000多元医疗费用，而且不得不中断学业。

绝不跟陌生人走

陌生人并不等于坏人。但是，路上遇到的陌生人，如果花言巧语叫你跟他（她）到某个地方去，你就要警惕小心，加以拒绝，防止坏人设下的圈套，免得上当受害。

2010年5月至2011年4月间，顾某冒充人民警察，以协助办案、拍照、玩游戏、做好事帮忙为由，先后4次把4名女孩骗到偏僻的地方或灌木丛中，然后凶相毕露，采用威胁、打骂、捆绑的手段实施奸淫，情节十分恶劣。2011年12月，顾某被人民法院依法判处有期徒刑11年6个月并剥夺政治权利3年，受到了应有的惩罚。

残酷的事实说明，不管陌生人是什么样的人，也不管他（她）用什么理由叫你去什么地方，我们都绝对不能相信陌生人，更不得跟他走。但是，在拒绝陌生人时，应当态度温和，不要讲一些伤害对方的话，以免陌生人恼羞成怒，对你行凶。

防范骗子诈财

一天放学后，蒋宏军发现马路边的树荫底下聚集着一堆人，他好奇地凑上前去看热闹，只见人堆中有一个人手中拿着三张扑克牌，像魔术师般舞弄一通，接着又将三张扑克牌排成三角形摆在地上。这时，旁边一人随手抓起其中一张道："就是这张！"翻开一看，是张红桃K。设摊人嘀咕了一声："我输了。"掏出10元钱给那猜牌者。三张猜一张，概率33%！蒋宏军心动了。他立即掏出10元零花钱，毫不犹豫地押了一把。在设摊者不停地倒牌洗牌之际，蒋宏军的眼睛一动不动地盯着他手中舞动的牌。当设摊者手中的牌刚刚落地，蒋宏军就毫不迟疑地翻开了其中的一张，然而遗憾的是没猜中红桃K，10元钱就这样白白地输掉了。第二天，他心有不甘，又去"搏"了几次，结果又输掉了30元。其实，蒋宏军哪里知道，那是马路骗子精心设下的一个骗局。

对于这类带有明显赌博性质的"游戏"（包括易拉罐中奖、摆象棋残局等），青少年们切不可参与。这类小摊看似一个人在设赌，其实他们暗中有一帮人在共同行骗，他们设下的圈套是个无底洞，纵然你有再多的钱也填不满他们贪婪的欲壑。对于这类现象，青少年朋友们唯一可做的是：绝不上当，并且立即向公安机关举报。

2012年元旦，中学生小李到街上去买点东西，在人民商场门口接到一个手机来电，通完话后，见一个年轻人正在旁边拨打手机。当小李走过他身边时，年轻人一边自言自语"完了，没电啦！"一边关上手机，对小李讲"帮帮忙，我有急事借用一下手机好吗？"小李有点犹豫，年轻人把身上一只鼓囊囊的背包交给小李说："你放心，我这背包给你做抵押。"小李不便推辞，就把手机借给了年轻人。年轻人一边拨弄手机，一边往商场内走去。小李以为对方通话有隐私，没有跟过去，就在商场门外等候。十分钟过去了，不见年轻人来还手机，感到不对劲，便走进商场去找，却不见其踪影。小李马上到附近公用电话亭拨打自己手机号码,答复是“关机”。

小李赶紧来到派出所报案。民警打开年轻人“抵押”的那只包想寻找线索,看到的全是一钱不值的报纸等杂物。小李后悔莫及。

以借手机为名进行诈骗,在公共场所时有发生。青少年学生遇到这种借手机的人,不要为了做好事方便他人而上当受骗。应当让对方到公用电话亭去打电话。即使做好事借手机,也要盯牢对方,以防其逃之夭夭。

精明的大学生小李那天去邮局寄包裹,走到人民路看见前面有两个年轻人。突然,走在前面的人掉下一个小皮夹子,后面的人急步上前捡了起来,转身打开一看,内有崭新的一只金戒指和一沓购物券。然后,他来到小李身边悄悄地说:“你也看到了这钱包,大家分享,不要声张好吗?”眼看掉钱包的那人已走远去,小李不声不响。捡包的人又打开钱包给他看,并说:“你给我200元钱吧,这钱包就给你。”没等到小李表态,后面上来一个年轻人见了说:“我给你200元,这钱包给我。”这时,小李一把抢过钱包,一手掏出200元交给了捡包的人。随后,捡包人和后来的那人一起匆匆地走了。结果,钱包里的金戒指是铜皮做的,购物券也是假的。

爱心小锦囊

“抛物诈骗”一直不断。不法分子往往两三个人合伙作案,上当受骗的都是贪小利的人。切记,不要因小失大!

爱心小贴板

诈骗作案的手法多种多样:有的歹徒以做好事为幌子骗走你的钱财,如利用帮助你购买车(机)船票或者提取行李包裹之机,把你的钱骗去、包拎走;有的歹徒冒充车站码头工作人员,以查验看票为由,用短途票换走你的长途票;还有的骗子故意在你附近丢下财物,由其同伙捡拾后,强拦住你分钱,然后骗子以失主身份查验你的钱物,乘机偷盗作案。青少年学生缺乏社会经验和防备心理,往往容易受到骗子的欺诈而丧失钱财,因而在外出时,必须特别小心谨慎。

谨防诱骗拐卖

2011 年 11 月 30 日零时,四川、福建、山东、云南等 10 省区公安机关按照公安部的统一部署,对两个危害极大的拐卖儿童犯罪团伙同步集中收网。5000 余名民警同时出击,彻底摧毁了两个横跨 10 省区的犯罪团伙,解救被拐儿童 178 名,抓获犯罪嫌疑人 608 名。

一个时期以来,拐卖妇女儿童的犯罪活动比较猖獗。在成千上万的被拐卖的妇女儿童中,除了少数是父母主动将超计划生育的女孩卖给"人贩子"外,其余的受害者都是被犯罪分子以金钱财物为诱饵或者假借做好事、帮助找工作和亲人而骗走的。

邵女是无锡市高三学生,成绩较差,考大学没有希望,学习缺乏动力。期中考试时,两门功课竟然不及格。母亲一气之下,打了她一顿。当晚,邵女离家出走。第二天,她在徐州的街头,遇到了一位"好心人",说是带她去安徽找工作、赚大钱。岂料,到了合肥,"好心人"在旅馆里强奸了她。随后,人在异乡举目无亲的邵女,只能听任"好心人"的摆布。时隔不久,邵女又被卖给一位农民为妻，失去了人身自由，整天不得出门活动。幸好，时间长了，农民丈夫一家放松了对邵女的监管，她乘机向家人发出“求救信”。这样，邵女在公安机关的帮助下，才回到了无锡家中。

爱心小贴板

青少年学生无论碰到什么问题，都要采取正确的方法解决，千万不可离家出走。特别是单身在外，不要轻信陌生人的“好话”，应该牢记一句话“天上不会掉馅饼”。你没有向人家求助，人家主动接近你、帮助你，这人不是明显的可疑么！

10岁的赵成是个好动的孩子，放了学做完功课就到外边去玩，有时候找不到同学，就一个人玩爬树、钓鱼。这是个星期天下午，赵成独自在外玩飞碟。忽然，路上停下一辆小轿车，车上下来一个年轻小伙子，对着赵成叫起来：“你爸爸被我们的车子撞伤了，已送去医院，要你过去照看他，快来上车。”赵成跟爸爸的感情特好，听说爸爸受伤住院十分着急，根本没有犹豫，就奔过去钻进汽车里，嘴里还问“在哪个医院?”车上的一个男子汉说，“人民医院”。

小轿车没有开到医院去，而是把他带到“人贩子”的地下交易场所，在那里他被卖给了外地无子女的一对夫妇。

这种说谎骗孩子的伎俩，其实很容易被识破的。只要赵成问对方“我爸爸叫什么”或者“你知道我叫什么名字”，对方是陌生人，肯定回答不出来。这样，就不会上当受骗了。

现实生活中，每年都有不少女同学因社会经验不足而被流氓利用多种手段诱骗奸污，有的甚至被诱拐后卖到农村，被迫做人妻妾。歹徒的这些罪行严重损害了女孩子们的身心健康。诱拐男孩牟利的案件也经常发生。他们惯用的作案手段是：

（1）利用熟人身份诱骗。一般人认为，歹徒通常是一些陌生人，其实不然。据公安机关调查，有70%以上的奸污案，都是被害者的熟人所为。因此,对于过分“热心”的熟人应加以提防。

(2) 利用同学们热心做好事的心理进行诱骗。犯罪分子经常用问路或者以请求帮助为名,实施犯罪。因此,当遇到有人拦住你的去路问什么问题时,你应当与他保持一定距离,并要随时做好呼救准备。对方请求你到别处去帮忙,也应拒绝,以防意外。

(3) 利用各种小恩小惠引诱。犯罪分子赠送女同学各种礼物,致使不少女同学上当受骗。所以,同学们切不可接收陌生人的礼物。

(4) 利用名与利诱骗。有的歹徒冒充导演或者作家、记者,用介绍当演员或者帮助发表作品等为幌子,使一些想施展自己才华的男孩、女孩上当。

(5) 利用谎话诱骗。例如,有些骗子会说“你家起火了,快跟我走”,或者“你爸爸、妈妈让我来找你,快跟我走”等引你上钩。他们往往事先“摸”了底,骗你的话能说得有根有据。假如遇到这种情况:第一,切不可轻信陌生人,更不可顺从他们的要求;第二,可用打电话或以其他方式(包括仔细盘问对方)加以核实。一旦识破,就要设法报警,使别有用心的坏人受到教育或者处罚。

(6) 一些侮辱女孩子的歹徒,刚开始时也许并没有犯罪意念,随着在与女孩子一起的游戏活动中身体接触的增加便起歹念,实施犯罪。因此,在娱乐和游戏中,男女间身体不要过多接触,特别是在夏季更要注意。

(7) 利用淫秽物品诱骗。一些歹徒以观看色情刊物或淫秽录像为手段,引诱少男、少女,以达到他的卑鄙目的。对此,同学们一定要树立正确的人生观,自觉抵制淫秽物品,切不可有任何猎奇心理和行为。

(8) 利用提供帮助进行诱骗。有的犯罪分子假装是好人,对一些陷入困境(如丢失钱包、迷路等)的男孩、女孩“慷慨相助”,骗取信任,以达到自己的犯罪目的。

爱心小贴板

无论是女同学还是男同学外出时，遇到素不相识的成年人（包括女性）与你搭讪，最好不要理会，更不要过分热情。如果对方以各种理由提出带你到别处去，千万不可轻信。即使你经过盘问考察，自以为对方可以相信，也要事先告诉熟人、邻居，听取他们的意见，至少让他们知道你的去向，否则是十分危险的。

警惕途中遭绑架

清脆的放学铃声响后，张华明与同学一起出了校门。这时，有两个在校门口的中年男子拦住他，急切地说："小明，你父亲出车祸了。快，跟我们去医院。"话音刚落，两名中年男子便一左一右地挟持着张华明，将他推进了路边的一辆桑塔纳轿车。轿车载着张华明急驶而去，不料他们抵达的目的地根本不是什么医院，而是一间漆黑阴暗的旧房。张华明被严严实实地捆扎了起来，整整囚禁了三天！直到第四天，才由公安人员把他解救出来。张华明从公安人员那里得知，这帮歹徒绑架他的目的是为了向他当厂长的父亲讹诈巨额钱财，幸而公安人员及时破案，才使他避免了更大的伤害。

"绑架"是一种恶性犯罪，其手段十分恶劣，歹徒往往使用暴力，先对被绑架的对象进行控制，然后再以被绑架人的生命安全为要挟，向被绑架人的亲人勒索财物。也有的绑架案件，带来被绑架人受杀害的严重后果。

那年11月7日，深圳福田区陈先生接到勒索钱财的电话，称其侄子被绑架。结果，警方迅速组织精干警力展开调查，于案发次日在龙岗区某村抓获犯罪嫌疑人孔某、黄某。据二人交代，他们与事主陈先生十分熟识，绑架其侄子勒索钱财后认为事情必然败露，故将其侄子杀害。

爱心小锦囊

青少年朋友，你们如果万一不幔落入“虎口”，应当保持冷静，要善于智斗，沉着应对，见机行事，以争取时间，不放过脱逃的点滴机会。

从危害性上来看，绑架行为对钱财造成的侵害不及对被绑架人人身的侵害严重。所以，应当把防范绑架作为保护人身安全的重点，学校、老师和学生、家长要实行良性互动，各司其职，最大限度地注意小的细节，避免绑架案件的发生。

为了避免绑架案件发生，我们应当做到以下几点：

(1) 同学们上学放学或外出时，尽量多人结伴同行，不单独行动，不走僻静路段，不无故在途中逗留，不去僻远陌生地方，以防万一遭遇坏人。

(2) 同学们离家外出或者离校时，应当让家长、老师知道自己的去向以及在外边活动的大体时间。

(3) 同学们在外出时，不要暴露和显示自己家里很有钱或者家里有很值钱的物品，尽量不要携带贵重物品，更不要在人前展示贵重的物品，也不要在举手投足之间故意炫耀自己经济上的“与众不同”，免得引起歹徒的注意。

(4) 在遇到困难接受帮助的时候，要多留心眼，观察提供帮助的人所使用的物品和方法，对诸如水、烟等可疑的物品一定要提高警惕，避免被迷香等物品所控制。

(5) 在上学、放学途中或者外出办事时，切记不要为了省力或者舒服而搭乘除家人以外任何人的车辆，即使遇到困难，也不要搭乘陌生人的车辆。应当及时联系父母或者拨打报警电话求助。

(6) 有手机的同学，对自己手机上所获得的任何意外信息，如家人意外出事，叫你到什么医院去；你中了什么大奖，到什么地方去领奖金、奖品等，都要认真对待，及时报告老师或者父母，做好应对坏人作恶的准备，千万不要轻易地相信那些来源不明的手机信息，更不要对其存有侥幸心理。

(7) 平时要注意交友和人际关系的处理，不要跟随陌生人去旅游、玩耍，特别是不要轻易相信“网友”，更不要前往赴约。

(8) 在常用的通信工具上，设置紧急呼救号码和按键及自动报警语音，在家人之间定制突发事件和紧急情况下沟通的密语或者隐语以备意外情况下使用。因为在绑架案件中，歹徒一般会与家人进行通话，这个时候，我们可以用平时所设定的暗语或者隐语间接地提示父母关于自己的现状，这样，既客观地协助警方侦破案件，又能很好地保护自己的人身安全。

另外，被绑架人在不被歹徒发觉、怀疑的情况下，可采用打电话、寄信、传递字条给亲人等方法，尽可能巧妙地与外界联络报信。因为，当你不幸被绑架后，你的父母、亲戚及公安人员肯定在外面竭尽全力地营救你。所以，你应把歹徒稳住，拖的时间越长，获救的机会也就越多。否则，你用力反抗或者大声呼救，容易促使心狠手辣的犯罪分子采取伤害你的极端手段，后果就不堪设想了。

面对抢劫防伤害

抢劫行为往往是以抢得钱财为目的。但是，由于抢劫者往往会持有刀、枪等危险物品，所以，被抢者的不妥行为举动也会导致人身安全受到威胁甚至伤害。

遇到实施抢劫的人，一定要尽力保持冷静，弄清对方的目的，若对方单纯为了钱物，自己又无法脱逃或者求得他人救助，那就将钱物交给他们，“破财消灾”，可以最大限度地保护自己人身安全。同时，应当细心地记住与对方有关的一切信息，以便过后公安机关对抢劫的歹徒进行分析和抓捕。

现在的同学们大都骑自行车或者电动车上学、放学，作案人员因此往往会在同学们上学、放学的必经之路上设置某些障碍物，待同学被障碍挂倒或者停下车进行检查的时候，手持凶器

爱心小锦囊

同学们在遭遇抢劫的时候一定要谨记：不能为了保护财物而伤害了身体。切忌硬拼，保护人身安全第一。

“拦路打劫”。所以，同学们在上学、放学的路上，要注意道路周围的环境，如果发现与通常的情况有显著的变化，要及时警觉，发现险情以后，能够迅速逃离的，应尽快报警；实在不能逃离的，要顺应作案人的要求，力争保护自己的人身安全，不要与歹徒对抗，应稳定歹徒的心理，让其疏于防备，记住整个过程中与歹徒相关的情况，在歹徒离开后，及时报警并向警察陈述案件经过。

同学们对歹徒抢劫作案方式，应当有所了解，以便在遭遇到类似抢劫行为的时候，可以灵活应对。

一般来说，歹徒事先会在校园或者宿舍楼的周围长时间徘徊，观察学生的动静。摸清了作息规律之后，通常选择较为隐蔽的时间和地点实施作案。如果发现这样长时间徘徊在校园里的可疑人员，同学们应当及时与宿舍楼的管理员、自己的班主任或者学校的保安员、警务室联系，让他们对其进行盘查，不要自己采取任何行动。因为作案人员通常都会携带凶器，同学们如果自己采取行动，不仅破坏了对作案人员的有效控制和抓捕，而且可能会使自己陷入危险的境地，甚至招致人身伤害。

另外，歹徒动手作案前，一般会在事主身后或身边尾随一段距离，伺机动手。所以，要注意自己前后的车辆及行人的动态变化。尤其在早晚上学和放学的时间段中要特别小心谨慎。有时候，歹徒可能会在同学们上学的来往路途中进行伏击，当同学们还未反应过来的时候，他们已经出现在了同学面前，让人措手不及、无力反抗。对此，最好的处理办法就是将自己身上的钱物交给歹徒，尽力保证自己不受到伤害。待歹徒走后，马上报警，并告知警察案发的全部情况和歹徒的体貌特征及逃跑的方向。

还有一种情况，小孩面对歹徒要将自己作为人质敲诈家长钱财时，要沉着冷静、机智应对，不能大声叫喊或奋力反抗，以防歹徒杀人灭口。

一位年仅9岁的小孩，竟然在去他人家时遭毒手，不幸遇害，令人十分惋惜。

事情是这样的，2011年8月30日上午9时许，9岁女孩小文到保姆宋阿婆家去，恰巧遇上了租住在宋阿婆家的小袁的男友徐光。曾多次见到过小文的徐光是个十足的赌徒，4年左右的赌博生涯欠下了几十万债务。此刻，他告诉小文："阿婆不在，可能去买菜了。"因为熟识，小文便毫无顾忌地走进徐光的房间看电视。这时候，徐光顿起歹念：绑架小文，向其父母索要钱财。于是，他假装随意问起小文父母的电话号码。天真的小文毫无戒备，便如实告知。接着，徐光就把房门锁好、房间的窗帘拉好。小文觉得不对劲，就开始大叫并准备往外走。徐光害怕，上去将小文拽在床上，捂住小文的嘴，让她不要叫。等到小文安静下来之后，徐光才把手松开。这时，宋阿婆从外边回来，小文听到声音又开始叫起来。徐光怕叫声惊动宋阿婆，就用电瓶车充电器的电线缠住小文的脖子。几分钟后，小文没有了动静。徐光把女友小袁的睡裤套在小文的头上，将其搬到床底下。结果，断送了小文的性命。

青少年朋友们，我们试想一下，如果小文有警惕性，不到徐光的房间去，也许不会发生这起惨案。或者说，小文面对徐光在房间里的绑架企图，先不叫不喊，假装顺从，等到宋阿婆回家后再巧妙地求助，恐怕也不会遇害。

游戏不忘安全

爱玩是青少年的特点，在课余适当地进行户外活动，放松一下自己，这是必要的也是应该的，不仅有利于身体健康，而且能

爱心小锦囊

青少年学生在户外游玩时，千万不要为追求新鲜、好奇、刺激而忘记了自身的安全。否则，就会受到伤害，甚至付出鲜血、生命的代价。

提高学习效率。但是，青少年在户外玩耍时千万要注意安全。

未成年学生在没有家长、老师的监护下，夏天不要到河流中游泳，冬天不能在结冰的河面上溜冰。农村学生在放牛、捞水草和摸鱼等劳动中，也要注意安全，谨防落水。尤其是不要玩水，弄不好会溺水而亡。

2004年7月6日下午，延安市宝塔区一所小学三年级的6名学生到附近的延河玩水，其中2名学生被湍急的河水卷走，虽经人们迅速抢救，仍有一名郭姓学生不幸身亡。

在户外活动时，不要随便攀登树枝（特别是秋天，因为树枝干枯容易断裂）；不要在马路上追逐打闹，防止被交通车辆撞伤；不要在建筑工地周围游玩，防止建筑架上的东西掉下来伤人或落入地基坑内；不要跑近石灰池，以防不慎跌入，造成烧伤甚至丧命的严重后果。

2011年下半年，某市太平街道辖区有一个基建项目开工，工地上有好多处正在打桩，形成了一个又一个口径较小的管桩孔，深度都有10多米。10月30日下午4时许，4个小男孩一起来到工地上玩耍。不一会儿，有个身材十分瘦小的男孩子不慎掉进了一个管桩孔内，其余3个小孩吓得大哭大叫。附近群众闻讯赶来，无法下到口径窄小的管桩孔内救人。区政府接到报告后，立即组织公安、消防、安监、建设、卫生等部门的100多人和4名挖掘机设法拯救，先把管桩孔内积水抽出，然后在孔的周围挖土施救，直到晚上11时许，才将管桩连根拔起，救出坠入的小男孩。不幸的是，此时此刻，该小孩早已停止了呼吸。

谨防游泳溺水

游泳是一项有益的体育活动,既能锻炼身体,又有益于培养人的毅力和意志。对于广大青少年来说,游泳是大家喜欢的一项运动。现在,不少学校也要求学生学会游泳。因此,学习游泳和参加游泳活动是值得提倡和鼓励的。

但是,有目共睹,每年夏天,我国各地都有青少年游泳溺水死亡的不幸事件发生,令人十分惋惜。

小张、小王、小李是苏州郊外一个村上的小学同学,他们情同手足,一有空就在一起玩。夏天的一日下午,天气炎热,三个小朋友一起来到村边的一条小河去游泳,小张、小王懂水性,迅速脱掉衣服下了河,尽情地在水中游来游去,十分自由自在。岸上的小李看得眼红,经不住诱惑,拿起游泳气垫也下了水,扒在上面啪嗵啪嗵学游泳。水是流动的,慢慢地小李漂到了河中间。他心里有点慌,一不小心,人从气垫上滑下去,扑通一声掉到水底。小王赶紧爬上岸,拿起一根树枝伸向河中,想让小李抓住后拉他上岸,但未成功,便大声呼救。小张水性好,一头钻到水下去救小李。不一会儿,附近两位农民闻讯赶来,跳下河去,把小李救上了岸,抓住他两条腿提起来,让他头朝下吐出了肚子里喝进去的水。小李得救了,小张却迟迟不见踪影。两个农民随后再下水寻救,终于在不远处的一条船底下摸到了小张,但小张已气绝身亡。

这起溺水事件说明,不会游泳的青少年学生,应当在家长的监护下到游泳池里去学游泳,才有安全保障。千万不要一个人或者跟随其他小朋友去河里游泳玩耍。否则,太危险了。小张水性较好,为什么会溺水而亡呢?关键是他看到小李落水后,没有像小王那样“见义智为”。因为未成年人的体魄不健全,体力很有限,不具备见义勇为的客观条件。所以,我国《未成年人保护法》不提倡也不鼓励未成年人见义勇为,这是对他们的保护。

爱心小贴板

会游泳的青少年,在下水游泳前,应当首先活动一下身体,然后下水才有益,可以防止下肢抽筋。特别是在河里游泳,没有专门的救生员保护的情况下,更应当先活动身体后下水游泳。不然,一旦发生下肢抽筋,容易造成溺水事件。

恶劣天气的自我保护

俗话说:天有不测风云,人有旦夕祸福。其实,有时人的旦夕祸福正是由天的不测风云引起的。比如,夏天的雷击及刮大风、台风时,树枝、高压电线折断,都有可能造成人员伤亡。对此,青少年也要有自我保护意识,不可麻痹大意。

2010 年 7 月 27 日下午 2 点多钟,江苏省一村庄遭暴雨袭击。村民任王英当时手持金属喷雾器正在田里劳动,不幸被雷电击中身亡,衣服、鞋子全部被烧光,身上的皮肤像被开水烫过一样。

当你在室外或田野上遇到雷雨时,最好把手中的钉耙、锄头及身上所有的金属物品全部放下归在一处,然后自己远离这些物品,找个没有高耸的竖立物的地方蹲下。如果手持金属柄的雨伞,也要放下。在水里的应立刻上岸,因为水是导电的。

刮风时,一般不要沿着屋檐走,防止瓦片花盆等被刮落砸伤头部。一旦发现高压电线断落,万万不可接近断落的电线,应尽快向供电部门报告,以便让有关人员及时赶到进行抢修。农村学生在刮大风时,不要把牲畜拴在电线杆或电线杆的拉线上,以防电闪雷鸣时牲畜受惊,将电线杆拉倒而造成人员伤亡。

购物防奸商

现在有的不法厂家肆意生产假冒伪劣产品,坑害消费者利益；有的奸商针对青少年普遍存在的好奇心，利用各种各样的“钓饵”，误导青少年消费，以达到中饱私囊的目的。

17岁的小宋因为学习成绩优异，从父母、祖父母那里得到了几笔丰厚的压岁钱。春节过后，小宋去人民商场想买一只手机。途中，一个年轻人拦住他的去路，向他兜售一只款式新颖、小巧玲珑的手机。小宋看了一眼就十分喜欢，没有多想就付款400元成交。岂料，当他拿了这只手机来到附近的移动通讯公司办理上网手续时，服务员却告诉他，这是塑料制的假手机。小宋马上返回原地寻找卖手机的年轻人，结果那人已不见踪影。后悔莫及的小宋就这样白白地被骗掉400元现金。

网络购物是一种新的交易方式，深受青年学生们的欢迎。但在现实生活中，网络购物上当受骗的时有所闻，其作案手段主要有：制作虚假购物网站，与正规网站极其相似，甚至还有虚假的互联网信息服务备案编号和信用资质，而且交易量很大，营造产品供不应求的假象。另一种手段是低价引诱。通过大型知名的电子商务网站发布虚假的商品销售信息，以超低价、走私货、免税货的名义出售各种产品，等到受害人上钩了，再以减少手续费、支付时间长、交易快捷等借口，劝说受害人不要通过第三方支付平台，直接将现金存入其指定账号。

警方提醒广大市民，上网购物时，一定要看清域名。网页、网站可以克隆成一模一样的，但域名是唯一的。网民在生活中要看商品、看价格，上网要留心域名和网址。在网上消费和进行网上活动时，要像遵守交通规则一样遵守网上消

爱心小锦囊

青少年外出购物，最好有成年人陪同，并在成交之前，问清物品单价，而不要笼统地只问个总价。否则，容易受骗上当或引起不必要的纠纷。

费规则，千万不要轻信网络搜索出来的网站，更不要在网站上随意链接支付平台，应使用正规的交流工具和第三方支付平台。

防受害不露富

青少年学生性格比较开放，喜欢交流，耐不住寂寞。特别单身在外地时，遇到同乡或者年纪相仿的人，往往容易动感情，甚至一见如故，无话不谈。如果对方心术不正，知道了你的隐私，那就危险了。

大学生小晋，家庭条件优越，父母和姐姐都是创业成功人士，为小晋的学习、生活提供了取之不尽、用之不竭的经济保障。2011 年放暑假，小晋身带 2 万元现金去西安的同学家玩，顺便想采购一些当地土特产。火车上，与小晋坐在一起的小张也是个大学生。2 个小时左右车上交谈，彼此成了好朋友。下火车时，小晋主动邀请小张去吃饭，以示友好。谁知道，用餐过程中，小张利用小晋上厕所之机，拎走了小晋存放现金的一只手提包。幸好小晋报警快，小张很快落入法网。

经过公安民警审查，小张过去从未做过坏事，这次是从和小晋交谈中得知他家庭富裕、身上带了不少钱出来买东西之后，顿起歹念，铸下大错的。据公安机关刑侦部门介绍，小晋露富造成的后果还算轻的，有的青少年露富之后，遭到歹徒绑架作为人质，敲诈其家庭巨额赎金，甚至有的人质遭杀害。

爱心小锦囊 

家庭条件优越的青少年学生切记，在外不可炫耀露富，免得自讨苦吃，身受其害。

见义智为是上策

见义勇为是中华民族优良传统，应该发扬光大。但是，如果势单力薄的青少年学生见义勇为，挺身而出制止犯罪，有可能受到凶狠残忍的歹徒行凶伤害，后果难以设想，这种情形过去多有发生。青少年学生看见有人作恶，应用见义智为的方法制止犯罪或者帮助公安机关抓获歹徒，避免自身安全受到威胁。

2011 年 10 月 10 日下午 3 时许，放学回家的小学生张清在自己家的住宅小区内看到一名年轻人翻越栅栏进入 4 幢一户居民家中。年轻人鬼鬼祟祟，东张西望，神色很不正常。小张怀疑他是偷东西的盗贼，就假装没有看见，绕过这幢楼房，快步奔到小区的物业管理处，报告了这一可疑年轻人的情况。物业管理人员闻讯后，马上招来 2 名物业保安员，一起前往 4 幢居民楼现场。此时，可疑的年轻人正从那户居民家中偷完东西出来，被抓了个正着。

经公安机关审查，这个年轻人李某是一名惯盗，专门在白天居民家中无人时，窜到小区内偷窃财物，先后作案 5 起。结果，李某受到了应有的处罚。小学生张清因为智斗歹徒，协助警方抓获坏人有功，也受到了见义勇为表彰奖励。可见，见义智为是见义勇为的一种特殊形式和方法。

如果张清同学在发现盗贼李某时见义勇为，上前去制止歹徒翻栅栏进入居民家，那么，他就可能会遭到李某的行凶伤害。

交通安全

交通作为社会发展的命脉越来越显示出它的重要性,同时,交通安全问题也逐渐成为人们所关注的一个社会热点。交通安全不仅是一个区域性的问题,而且是一个全球性的问题。

2004 年发布的一份国际权威报告《世界预防道路交通伤害报告》说,据 75 个国家向世界卫生组织提交的死亡数据统计,全球每年大约有 120 万人死于道路交通事故,每天死亡 3242 人;而受交通事故伤害的人数高达 5000 万,相当于全球 5 个最大城市人口的总和。报告还说,全球道路交通事故造成直接经济损失 5180 亿美元。报告统计,中低收入国家未来 20 年乃至更长时间,道路交通死亡率将大幅上升。来自世界卫生组织、世界银行和中国卫生部、公安部、交通部的官员都表示,中国的交通事故问题非常严重,每年因道路交通伤害死亡的人数居世界首位,且以每年 10% 速度递增。

交通事故已成为社会的一大公害。发生交通事故的原因,大多是不懂交通安全常识和不遵守交通法规。因此,广大青少年学生有必要学习和掌握交通安全常识,自觉遵守交通法规,避免交通事故的发生。

交通信号灯的识别

交通信号灯由红灯、绿灯、黄灯组成。分为:机动车信号灯、非机动车信号灯、人行横道信号灯、车道信号灯、方向指示信号灯、闪光警告信号灯和道路与铁路平面交叉道口信号灯。绿灯亮时,准许车辆和行人通行,但转弯车辆不准妨碍被放行的直行车辆和行人通行;绿色箭头灯亮时,准许车辆按箭头所示方向通行。黄灯亮时,不准车辆通行,但已越过停止线的车辆可以继续通行;持续闪烁的黄灯,提示车辆行人通行时注意观望,确认安全后通行;黄灯表示警示。红灯亮时,不准车辆通行,红色叉形灯或者箭头灯亮时,禁止本车道车辆通行。

交通标志、标线的识别

交通标志的作用不可小看,它时时刻刻提示人们行走和车辆行驶的安全。

有一位学者回忆他多年前的一件往事,至今仍心有余悸。那年他正在念初中。一天晚上放学后,他骑着自行车回家。骑着骑着,他发现前方竖着一块牌子,上面画着一个黄底色的三角形黑框,框内一人正手持铲子在作业。他想,刚才怎么没看到?现在路中间多了一块牌子,这是怎么回事?他不仅没有放慢速度,反而快速前进。当他发现前面的一个大坑时,已来不及刹车,人和车摔进了两米多深的大坑底下。顿时,两眼直冒金星,昏厥过去了。当他苏醒过来时,只觉得头上黏糊糊的,使劲站立起来又跌倒,一条腿已粉碎性骨折。于是,他大声呼救,上夜班的过路工人把他救起,送进了医院。从此,他头上留下了一长条醒目的伤疤,一条腿也瘸了。在回忆往事时这位学者说:那时他吃亏在不识交通路标。

除了识别交通标志外,青少年还需要学会识别交通标线。不同的交通标线指示着不同的交通规则,掌握了这些交通标线所标志的意思,走在马路上就十分安全了。

爱心小锦囊

在城市马路边，或在郊外公路旁，我们会看到由蓝、绿、白、红、黑、黄等颜色构成的特定形状的图案和字符组成的标志牌，这就是交通标志。

一个阳光明媚的假日，才念小学的聪聪闹着要妈妈带他去公园玩。聪聪在妈妈的带领下穿过马路时，看到擦肩而过的汽车，心里着实有些害怕。他下意识地看看自己脚下的路面，发现有一条条白色横线。聪聪天真地说：“我们好像走在斑马身上，我是一个勇敢的骑士。”这时他看到驾驶员叔叔在离白色横线不远处放慢了车速。聪聪问妈妈，这是为什么？妈妈微笑着对聪聪说：“刚才，我们走过的那段白色线很像斑马纹，是我们国家现行的人行横道线，俗称‘斑马线’。行人横穿马路应该从人行横道线内通过，而且要注意看清来往车辆。路面上有不同颜色、不同形状的漆画线，它们各有各的作用，或是把人与车分开，或是把各种不同速度的车辆分开，使车辆与行人、车辆与车辆都能遵守秩序，各行其道，分道行驶。”

非机动车的交通规则

非机动车是指自行车、三轮车、人力车、畜力车、残疾人轮椅车和电动自行车等。无论驾驶哪种非机动车，都必须遵守非机动车的交通规则。

这天是强强的 15 岁生日，他的心情格外好。做完家庭作业后，强强听到楼下传来一阵马达声，接着是爸爸叫他的声音：“强强，快下来，看看我给你带来了什么生日礼物！”强强奔下楼一看，“哇”地发出了赞美声，原来是一辆崭新的电动自行车。他接过车就要启动马达，想到马路上骑一圈“兜兜风”“尝尝新”，但是被他爸爸喝住了。为什么强强的爸爸不许强强把车骑上马路呢？电动自行车虽然属于非机动车，但是它装有机械发动机部件，车子要经车辆管理部门核发牌证后方能上街行驶。驾驶自行车、三轮车者必须年满12周岁，驾驶电动自行车和残疾人机动轮椅车者必须年满16周岁，而且只能在非机动车道行驶。

那么，驾驶非机动车应该遵守哪些交通规则呢？

（1）自行车、电动自行车、残疾人机动轮椅车载物，从地面起算高度不得超过0.5米，左右宽度各不得超出车把0.15米，前端不得超出车轮，后端不得超出车身0.3米。

（2）三轮车、人力车载物，从地面起算宽度不得超过2米，左右宽度各不得超出车身0.2米，长度不得超出车身1米。

（3）畜力车载物，从地面起算宽度不得超过2.5米，左右宽度各不得超出车身0.2米，前端不得超出车辕，后端不得超出车身1米。

（4）转弯时须减速慢行，驾驶人须向后瞭望，伸手示意，不准突然猛拐。超越前车时，不准妨碍被超车的行驶。通过陡坡、横穿4条以上机动车道或途中车闸失效时，须下车推行；下车前须伸手上下摆动示意，不准妨碍后面车辆行驶。不准双手离把、手中持物；不准牵引车辆或被其他车辆牵引；不准扶身并行、互相追逐曲折竞驶；不得在道路上骑独轮自行车或者两人以上骑行的自行车。

（5）畜力车的驾驶人不准使用未经驯服的牲畜驾车，随车幼畜须拴系；不准驾车并行，不准在车上躺卧或离开车辆；行经繁华路段、交叉路口、铁路道口、人行横道、弯道、窄道、窄桥、陡坡、隧道或容易发生危险的路段，不准超车，赶二轮畜力车者须下车牵引牲畜。夜间在没有路灯照明的道路上行驶时，必须燃（开）灯。停放时，须拉紧车闸，拴牢牲畜。

（6）驾驶人力车，不准并行、滑行、连串或曲线行进。

（7）非机动车不准上高架路和高速公路行驶。

爱心小锦囊

不要在马路、公路上突然横穿；更不能看到车辆就心慌意乱，跑到一边又突然返回；穿越马路要注意避让车辆，确有安全把握时再穿越马路。

遵守行人交通规则

在繁华的市区，人行道、人行天桥、人行地道都是供人们安全行走的地方。乡村就不同了，道路主要是乡间小道和比乡间小道宽一些的混行道路，行人应多留心，并尽可能靠右边走，否则会有危险。

一个晴朗的下午，小学三年级学生小英放学后哼着儿歌往家走。在穿越马路时，她不顾左右就快跑起来。当她发现一辆卡车接近身边时，赶紧停住并后退了几步。这辆卡车虽然从她身边开过去了，可是卡车后面还有一辆小轿车。轿车司机突然发现车前有个小女孩，赶紧急刹车，却为时已晚，由于惯性作用，车轮压着了小英。经医院抢救，虽保住了性命，但永远失去了一条腿，天真活泼的小姑娘成了一个残疾人。

行人在马路上行走是有许多交通规则要遵守的：

(1) 行人须在人行道内行走，没有人行道的要靠路边走。

(2) 行人横穿车行道须走人行横道。通过有交通信号控制的人行横道，须遵守信号的规定。通过没有交通信号控制的人行横道，须注意车辆，不准追逐、猛跑。没有人行横道的须直行通过。在没有过街设施的路段横过马路，应当在确认安全后通过。不要在车辆临近时突然横穿或者中途倒退、折返。有人行过街天桥或地道的，须走人行过街天桥或地道。

(3) 不准在马路上使用滑板、旱冰鞋等滑行工具。

(4) 不准穿越、倚坐人行道、车行道和铁路道口的护栏。
(5) 不准在道路上扒车、追车、强行拦车或抛物掷击车辆。
(6) 学龄前儿童在街道或公路上行走,须有成年人带领。

安全穿越马路、铁路

马路分成“人行道”和“车行道”两大块。人行天桥、人行地道也是道路的组成部分,是专给行人横穿马路时使用的。在马路上,车辆、行人应该各行其道,有秩序地行进,才能避免交通事故。我们还应注意在集体外出活动时,要掌握穿马路的安全要领:先要推选一位带路的队长,整好队伍;横列不宜超过两人,队伍横过车行道时应该走人行横道线,并迅速通过;长队伍在必要时,可以暂时中断通过。在有信号灯的地方要在人行绿灯亮(也就是被穿越的马路上亮红灯)时通行。在没有人行横道线的地方穿过车行道时,要尽量选择靠近路口的人行道延长处,在暂时没有来车时抓紧时间通过;如果来往车辆较多,应在人行道上耐心等候,不要急于穿越。横穿马路时要做到:从斑马线上过,先看左边,再看右边。如果遇到前后有车,应该站在原地不动,等车过完再走。

丹桂飘香,秋高气爽的季节,有一所小学的低年级同学外出秋游。在回校的路上,大家都显得有些疲劳,队伍纪律比较松弛,三五成群,肩并肩地行走,有些学生还一路戏闹。这列七零八落的队伍在穿越马路时,被车水马龙的车辆冲散了。队伍前面的已到了路对面,不少人在叽叽喳喳地叫喊,走在中间的急得乱跑,落在后面的被车辆挤来挤去,有些学生慌了神,呜呜地哭了起来。这种情况不仅影响了交通畅通,而且十分危险。

一天下午,高中二年级学生王青骑自行车从同学家出来,在回家途中必须穿越铁路。正好一列火车在远处拉响了汽笛,当时还看不到火车头,王青以为来得及穿过铁路,就推着自行车横穿过去。不料车子倒在了铁路上,他把车扶起来刚开步,火车已经到了面前,人与自行车都被压在车轮底下。一场悲剧就这么发生了。

爱心小贴板

广大青少年在穿越马路、铁路时必须做到一停二看三通过，当有车辆开过来的时候，不要匆忙穿越过去。而且，青少年进入火车站的站台后，不要去穿越铁轨。尤其是上学、游玩路经铁路道口时，一定要注意信号灯和交通标志，在禁止通行时，千万不能为了赶时间而强行穿越。

马路上玩耍、设摊的危害

6岁的玲玲十分惹人喜爱，她家就住在马路边。一天，她看到三五个比她大的小哥哥正在马路上踢足球，也跑上马路跟着凑热闹。正当玲玲追上去的时候，足球飞来碰在玲玲身上，玲玲当即摔倒在地，足球又弹向迎面开来的一辆小汽车的驾驶室窗玻璃，驾驶员紧急刹车，不幸车轮已经压住了玲玲的下半身。经医院抢救虽保住了生命，但一个原本天真活泼的小女孩成了下肢瘫痪的残疾人。

这起事故留给人们的教训是：第一，学龄前儿童上街行走必须由成年人带领。第二，道路上不允许进行各种体育活动（如踢足球、打羽毛球、跳橡皮筋、跳绳、踢毽子等）。第三，在道路上拦车、追车、扒车和向机动车投掷石块等行为是诱发交通事故的重大隐患，也必须禁止。

随着我国商品经济越来越活跃，公路上、城镇道路上不时会出现个体摊位，它们挤占道路的有效面积，影响道路的畅通。有些个体经营者还常要念书的子女放学回家后帮忙照看摊位，不仅影响子女学习文化知识，而且影响了交通秩序。由于摊位是违章摆设的，所以增添了不安全的因素。

一天上午，有辆大卡车由东向西驶来，还有一辆小汽车正和它并行。此时，一辆大货车从西向东开过来。货车驾驶员发现，车道南边路面上间距只有10米左右就连续有3个摊位占道,他已无法避让,只好把方向盘向左一打。结果造成大货车的左部与迎面开来的卡车相撞,车尾右部压毁了一个摊位,连同压死了一个看摊位的14岁少年。

这起重大交通事故说明,在公路上、城镇道路上摆摊挤占道路不仅会堵塞交通,而且容易发生恶性交通事故。所以,在公路上、城镇道路上不允许摆摊设位,更不能叫学龄青少年看摊,因为这既违反道路交通管理法规,又违反工商管理的有关规定,更对青少年的安全构成威胁。

无证驾驶机动车的惨剧

近年来随着人民生活水平日益提高,家庭中用来代步的交通工具已经从自行车、电动自行车、轻便摩托车、摩托车发展到自备小轿车了。一些农民家庭则自置了卡车、工具车、拖拉机等大型机动车辆,孩子们玩摩托车或进汽车驾驶室的机会也越来越多。

这是一个家境富裕,拥有别墅、小轿车的家庭,独生子17周岁,正在念高一。每逢节假日,爸爸总要开车带上一家人外出游玩。后来,儿子已不满足于坐爸爸开的车了,他想自己开车。爸爸拗不过他,只好让他试试,自己坐在一旁指导。起初,儿子把着方向盘,既紧张,又谨慎,时间一长,胆子也就大起来了。一天,全家又驱车出游,儿子驾车,爸爸、妈妈坐在后座欣赏着路边的风光,十分得意。可是就在这时,险情发生了:儿子发现一辆货车相向超车,迎面开来。他

爱心小锦囊

公安机关规定,驾驶轻便摩托车、小型汽车、小型自动挡汽车、轻便摩托车、普通二轮摩托车准驾车型的人年龄必须满18周岁,经公安机关车辆管理部门考试合格,予以发证,方能上路驾驶。

毕竟缺乏驾驶经历，处置时手忙脚乱，制动稍慢，两车随即相撞，轿车的油箱马上起火。结果，儿子和爸爸在昏迷中被烧死，妈妈经送医院抢救、治疗后成了半身不遂的残疾人。可惜一个美满的家庭，就这样被自己造成的交通事故毁掉了。

这起交通事故的驾车者不到法定年龄，属于无证驾驶，严重违反了交通法规。而做家长的放任子女无证驾车，结果害了自己，也害了孩子。

骑车的安全

这天，正是小学三年级学生芬芬的10岁生日。阿姨送她一辆二轮童式自行车，芬芬高兴极了，推着车硬要到马路上去学骑车，拦也拦不住。才学骑车，她把握不住重心，摇摇晃晃，一下子摔倒在地，跌掉一颗门牙，还跌破了鼻子，满嘴、满脸都是血。这时正巧一辆汽车驶来，见此情景，立即刹车。可是，紧跟在后面的一辆汽车来不及刹车，与前边这辆汽车发生了“尾随相撞”的交通事故。

爱心小锦囊

国家从保障交通安全出发，在交通管理条例中明文规定，未满12周岁的儿童不准在道路上骑自行车。

自行车首先应该保持机件完好，安全设施和牌证齐全。出车之前，应该先检查一下铃、锁、刹车、车轮、龙头、踏脚、撑脚、坐垫等是否完好有效。

学骑自行车时，应选择广场、操场、大院子这些较为宽敞的场所，切不能到车辆行驶的道路上去学，以免发生危险。当你已经掌握技术，可以单独骑车时，还应该掌握和注意骑车安全规范：

（1）应在非机动车车道内顺序行驶，严禁驶入机动车道。在没有划分非机动车道和机动车道的道路上行驶,应尽量靠人行道一边行驶,不能骑在道路中间,不要数车并行,不准逆向行驶。

(2) 骑车遇到路口,应主动让机动车先行。遇红灯信号时,应将车停在停止线或人行横道线以内,严禁用推行或绕越的方法"闯红灯"。

(3) 骑车转弯时,要伸手示意。左转弯之前,伸出左手示意;右转弯之前,伸出右手示意。同时要选择前后暂无来往车辆时转弯,切不可在机动车驶近时急转猛拐、争道抢行,也不要大弯小转。

(4) 自行车应按交通标志指定的地点和范围有秩序地停放;在不设置交通标志的支路上停放时,也不要影响车辆、行人的正常通行。

(5) 雨天雾天,不要撑伞骑车。因为伞会遮住自己的视线,容易撞人撞车;一只手离车把撑伞,一只手握车把,重心不稳,容易摔倒。一旦伴有大风,还很容易因伞兜风而被刮倒。结冰和积雪的天气,要防自行车打滑摔倒。骑车时,要与前方保持一定车距,不要骑快车。在积雪稍厚的路面上,比较安全的方法是下车推行。

搭乘公共交通工具的安全

不论何种公共交通工具,因为人为的和非人为的各种因素的影响,经常会酿成各类车(船、机)毁人亡的惨祸。青少年只有加强自我保护意识,才能化险为夷,免除或减轻灾难。

乘车(机)坐船严禁携带危险品。危险品主要包括各种危险性较大的化工原料和化学物品、子弹、火药、农业杀虫剂和杀菌剂,按性质可分为爆炸品、氧化剂、压缩气体和液化气体、自然物品、遇水燃烧物品、易燃液体、易燃固体、毒害品、腐蚀物品、放射性物品共十类。在这些危险品中,有的受到高热、摩擦、撞击后能发生剧烈反应而引起爆炸;有的即使不接触明火,通过本身缓

爱心小锦囊

禁止携带危险品乘车（机）坐船，这是我国法律明文规定的。一旦违反规定，不仅触犯法律，而且还将危及包括自己在内的乘客的生命和国家财产的安全。

慢氧化发热而着火燃烧；有的侵入人体或接触皮肤即可引起中毒甚至死亡；有的具有强烈的腐蚀性；有的能放出人眼看不见的射线，使人体受到放射性危害等。常见的危险品有：烟花爆竹、油漆、酒精、汽油、煤油、农药、雷管、炸药、电石、液化气体等。

2005年2月22日晚上10点30分，由安徽省霍邱县开往浙江嘉善的一辆大客车，在刚刚驶过宁合高速公路进入南京浦口境内时，突然爆炸起火，事故造成17人死亡，5人轻伤。后经调查，这起事故是由于乘客夹带的烟花爆竹爆炸而引起的。

青少年在乘车（机）坐船时，除了自己不带危险品外，还要主动配合公安、交通部门的工作人员做好安全宣传工作，如发现有旅客携带危险物品上车，应及时向公安、交通部门的工作人员报告。

无论是乘坐汽车、火车还是地铁，都要等车辆进站停稳后方能上车或下车，否则容易被摔伤；同时还要注意不要拥挤，以免被轧伤。当车辆开动时，切莫因观看外面的景色而情不自禁地将头、手伸出窗外，免得车辆交会时，发生伤亡事故。另外，还要注意抓住吊环、扶手杆或者椅子的把手，以防车辆紧急刹车而摔伤。

城市青少年在乘坐电车时，还要防止电车“车鞭”触及高压电线造成触电事故。一旦遇到这种意外事故，青少年应注意自我保护：电车带上高压电后，车辆及乘客与高压线网处于电位状态。只要人不触地，便不会形成电位差即电压，这样一般不会造成人员伤害。因此，电车带电后，千万不能随意上下车。即使非下车不可，也必须跳离电车，落地时身体与电车不可有任何接触。

农村青少年在乘坐船只、车辆时，首先应考虑所乘船只与车辆的性能是否完好，能不能够载人；其次还要了解机驾人员有没有驾驶执照和经营许可证。如果具备了这两个条件，而船上、车上人员又没有超载，那就可以上船或上车了。另外，在渡口摆渡时，不要将手伸入河中戏水，以防不慎落水；在大雾天或风急浪高的恶劣气候下，一般最好不要乘坐渡船，以防不测。

携带物品乘车(机)坐船的青少年，必须注意保管好自己的物品。上车(机)上船后，首先要将自己的物品放在靠近自己座位的行李架上或者自己身旁等安全的位置上。途中，要常常关注自己的物品，以免被盗。青少年乘坐长途车船时，尽量不要打瞌睡，要多看看自己的物品。即使放在自己座位下的物品，也要用腿夹住，防止歹徒“暗度陈仓”，从座位底下悄悄地将你的物品移往他处而窃走。尤其是在途中上下客人时，更要看住自己的物品，谨防下车人“顺手牵羊”偷走你的包裹行李。

乘坐私家车的安全

星期天大清早，爸爸、妈妈带着女儿缘缘开车去郊游。缘缘争着坐到了驾驶员边上的座位上，却忘了系上安全带。上了高速公路，轿车风驰电掣般地高速行驶。缘缘一边哼着儿歌，一边观赏着路边绿色的田野，心里美美的。车在高速行驶过程中，突遇前方右侧施工修路，待发现标志，一个急刹车，缘缘在毫无防备的情况下，身体随着惯性向前冲出，小脑袋重重地撞在车前的玻璃上，皮肉擦破，满脸是血。爸爸、妈妈赶忙送缘缘到医院救治，所幸大脑内部未受伤害，只是皮外伤。

《中华人民共和国道路交通安全法》规定：车辆乘坐人员，应当按规定使用安全带。一般情况下，好奇心重的小朋友乐意坐在驾驶室副驾驶的座位上，因为前排座位视野开阔，汽车在行驶中车窗外景物多变化。但是,千万别忘了系好安全带。

爱心小贴板

青少年乘车还应该遵守:乘坐摩托车要戴安全头盔;乘坐两轮摩托车须正向骑坐;不得携带易燃、易爆等危险物品;不准向车窗外抛洒物品;不准在机动车行驶中跳车。乘坐公交车,应待公交车停稳后有秩序地上下车;无座位时,应抓牢车内扶手杠或坐椅背,谨防车辆运行中摔倒跌伤。

驾(骑)车的安全

根据我国《道路交通安全法》规定,年满 18 周岁,体检合格,经过公安机关车辆管理部门申领机动车驾驶证考试合格的学生,为依法持有机动车驾驶证的学生。只有依法持有机动车驾驶证的学生,才能驾车上路行驶。

依法持有机动车驾驶证的学生驾车上路行驶应当做到以下几点:

(1) 依法驾驶规定的机动车辆。机动车驾驶证分为 A 证、B 证、C 证、E 证。持 A 照驾驶证的学生,可以驾驶各种机动车辆。持 B 照驾驶证的学生,只能驾驶中小型面包车和小轿车。持 C 照驾驶证的学生,只能驾驶小轿车。持 E 照驾驶证的学生,只能驾驶摩托车。不按照这些规定驾车,就是违法驾车;违法驾车必然带来安全隐患,容易发生交通事故。

(2) 不开病车上路。学生驾驶规定的车辆,应当是允许上路行驶的性能状况良好和装置齐全完整的车辆。不能驾驶超过车辆使用期的应当报废的车辆、功能有故障的车辆或者装置残缺的车辆。

(3) 按规定载人载物。机动车辆都依法核定了乘坐人数、载物重量和高度、长度、宽度,驾驶人员应当严格执行这些规定,违者就不安全。

(4) 上路依法行使。学生按规定驾驶机动车上路行驶,应当严格遵守交通规则,在不同路段、不同路状、不同情形下,按规定速度和方向前行,服从交通信号灯、交通标线、交通隔离设施的指挥,不超速、不违规超车、转弯、倒车、停车。

随着社会经济的发展和人们生活水平的提高,越来越多的学生把电瓶车当做交通工具,替代了自行车。开电瓶车既不需要花力气,速度又快。但是,电瓶车引起的交通事故远比自行车多得多,而且,造成人员伤害的后果也严重得多。

2011 年 5 月 21 日上午,高中二年级学生高某驾驶刚买回来几天的一辆崭新的电瓶车去上学。他把电瓶车的速度调到最大限度,行驶在马路上洋洋得意。忽然,路边窜出一条黑色的小狗。眼看就要被电瓶车撞上,高某惊慌失措,来了个紧急刹车。顿时,人仰马翻,高某被重重地摔在水泥地上,导致右手骨折,无可奈何地打了绷带,三四个月治疗期间花去医药费 1500 多元。

学生开电瓶车上路行驶,若要保障安全,应当注意做到以下几点:

(1) 控制好车速,不能太快,否则,遇到紧急情况刹不住车。

(2) 在人多车多的路上,不能开足电力,应当保持中低速行车。否则,容易撞人撞车。

(3) 车速较快时,不能急刹车。否则,会人仰马翻,出车祸。

(4) 拐弯时,应当减速,并看清旁边有无人车过往。否则,会被他人车辆撞倒或者撞上别人。

(5) 保持车状良好,刹车不灵应当及时修理,否则会出车祸。

马路步行的安全

小峰放学后出了校门,走到交叉路口,打算沿着斑马线往对面的人行道走去。不巧的是,正要过马路时红灯亮了,来来往往的车辆挡住了他的去路。于是,他就沿着机动车道小心翼翼地靠右侧行走,想在没车的时候穿过马路去。小峰一边走一边回头看，正巧后面没有车，他就快步冲过去！眼看快到对面了，突然，前方飞速驶来一辆摩托车。驾驶员始料未及，随着刺耳的刹车声，摩托车倒地，驾驶员的一条腿被压在车底下。小峰见状，惊呆了。

为了你的安全，也为了他人的安全，要学会走路。这里所说的走路，是指按安全规范步行。

首先，我们要学会辨别信号灯。红灯亮时，不准行人进入人行横道，这时应站在人行道上等候。绿灯亮时，准许行人通过人行横道；绿灯闪烁时，不准行人进入人行横道，但已经进入人行横道的，可以继续通行。其次，要懂得交通标志标线和隔离设施的作用。

（1）交通标志是以特定的形状、颜色、图案、字符组成的标志牌，标志牌所显示的规定，车辆和行人都必须遵守。标志牌的主要形式有五类：① 警告标志——黄底色、黑色边框、黑色图案的等边三角形标志。它警告车辆、行人注意危险地点。② 禁令标志——圆形、白底、红圈、红杠、黑图案。它是对车辆、行人禁止或加以限制的标志。③ 指示标志——圆形、蓝底、白色图案，指示车辆、行人行进。④ 指路标志——蓝或绿色底、白色图案的正方形或长方形标志。它传递道路方向、地点、距离信息。⑤ 辅助标志——白底色、黑图案、黑字符。它辅设在主标志下，起补充说明作用。

（2）交通标线是漆划在马路上的、把人与车分开、把各种不同速度的车辆分开的线形标志。它的基本形式有九类：① 中心线——道路当中长长的黄色、白色的实线，把道路一分为二。它使来往的车辆互不干扰。② 分道线——道路两侧长长的白色虚线。它规定机动车在虚线里侧行驶，非机动车在外侧行驶。③ 停止线——漆划在路口四周的白线，当各种车辆遇红灯停止信号时，应依次停在这条白线的后面。④ 中心隔离线——两条黄色直线，漆划在道路中间，用来隔离上、下行车道。严禁车辆压线、越线和横穿行驶。⑤ 人行横道线——条纹式横道线，一般漆划在无“行人信号灯”的路口或路段上，行人横过马路必须从人行横道线内通过，并注意看清来往车辆。⑥ 减速让行线——用于设有“减速让行”标志的路口，为两条平行的白色虚线，表示车辆通过画有此线的路口时，必须减速让行。⑦ 导流线——一般由一组倾斜的白色平行实线组成，用于不规则的行驶条件或行驶条件比较复杂的交叉路口，表示车辆必须按规定的路线行驶，不得压线或越线行驶。⑧ 导向箭头——用于交叉路口或者部分路段的导向车道内，表示该车道车辆的行驶方向，车辆进入导向车道后，必须按照箭头指示的方向行驶。⑨ 左转弯导向线——用于平面交叉路口内，表示左转弯机动车和非机动车之间的分界。

（3）“交通隔离设施”是设置在道路上用来分隔行人与车辆、车辆与车辆的物体。它的主要类型有路栏、锥形交通路标、导向标、道口标志，等等。

如果你能够掌握以上交通安全标志、标线、隔离设施的含义，那么对于你外出活动是有很大帮助的。

爱心小贴板

会识别交通标志，就能帮助你对不规范的走路行为作出自我矫正。行人是道路交通的主要参与者，步行是人类交通的基本方式，人们出门怎么走路，直接关系到整个交通秩序的好坏和人身安全。有的人步行时管前不管后，只顾左不顾右；有的人乘坐公交车辆，下车就从车尾处穿越马路；有的人过道口时，明明看到已发出了禁止通行的信号，却硬要去钻攀栏杆，强闯红灯；有的人斜穿马路抄捷径……这些走路不规范的行为，都应该进行自我矫正。

交通事故的一般规律

交通事故常常是在瞬间发生的，而它所造成的悲剧会影响人的一生。在现代社会的各种灾祸中，交通事故已成为威胁人类生命安全的“第一公害”。

交通事故对青少年的健康成长也构成了严重威胁。和青少年相关的交通事故的发生，是有一般性的规律和特点的。

（1）气候条件发生变化时容易发生交通事故。春天是多雨的季节，细雨绵绵，道路上湿漉漉的，车辆、行人在行进中容易打滑，发生意外。夏季炎热，司机容易疲劳、打瞌睡，行人也常觉得懒洋洋的，一旦有一方思想疏忽，就容易发生车祸；夏夜里，人们爱在道路上围坐乘凉，也容易发生交通事故；夏季又多暴雨，为了躲雨，青少年学生往往奔跑不迭，在车前车后急穿，因而常发生危险。秋天多风沙，灰尘容易侵入眼睛，模糊视线，因而造成交通事故。冬天气温偏低，冰雪天路滑，穿戴得严实会妨碍听觉和视线。

（2）青少年情绪不稳定，高兴时容易忘乎所以，烦恼时常常想不到周围，好奇心会使他们分散注意力，沉浸在幻想中便变得心不在焉……

（3）心急慌忙赶路，容易发生交通事故。

不妨先看一个因车祸而致残卧床15个春秋的例子：

他叫扬扬，初中二年级学生。一天课间他正在操场上打篮球，同班的一个同学急匆匆地跑来告诉他：“你爸爸因工伤事故正在医院急救室抢救。”他听完同学的话，立即跑步赶往医院，一路上什么也不管，只有一个念头，就是“快些到医院”。他走捷径，闯道口，翻护栏，乱穿马路，一个劲地朝医院方向冲去。当他发觉背后有一股强劲的风推来时，两眼一黑，昏迷过去了。他被身后一辆大卡车撞倒在路旁。经医院千方百计抢救，脱离了生命危险，诊断为：严重脑震荡，左肋骨骨折和胸椎压缩性骨折。他在医院抢救的过程中，母亲一直眼含热泪守在床前，家中两位亲人连遭不幸，这沉重的打击使她几乎难以支撑下去。扬扬经过一段时间的治疗，左肋骨和脑震荡逐渐痊愈，但胸椎压缩性骨折无法治愈，只能拖着瘫痪的身躯从医院回到家中，躺卧至今。当初，他是一个生龙活虎、充满理想的少年，现在却已是30岁的成年人了。他的爸爸在医院治疗期间听到儿子受伤的消息，如雷轰顶，一病不起，拖了三年就离开了人世。他的胞妹为了料理家务和照顾哥哥，婚期一拖再拖，将近30岁方才结婚。目前，家中只有为扬扬操碎了心、愁白了头的老母亲和这个瘫痪在床的儿子相依为命。15年过去了，这个身遭车祸的幸存者，至今每当听到驾驶员、骑车人、行人忽视交通安全的事例时，心情就很不平静，恨不得从床上爬起来，用他的亲身遭遇劝告那些人：为了您和家庭的幸福，一定要自觉遵守交通规则，愿悲剧不再重演！

青少年朋友们，读了这个事例后，不知你有什么感想？在现实生活中，某些人由于心急慌乱而造成的交通事故，可谓不胜枚举。我们难道还不应该从中吸取教训吗？

游乐安全

改革开放以来，我国的旅游业和娱乐业有了很大发展，园林、风景区、游乐场、歌舞厅逐年增多，前往名胜古迹和娱乐场所游玩的人与日俱增。因而，游乐安全就成为大家共同关心的问题。

对于广大青少年学生来说，正当、安全的游乐活动可以拓宽视野，丰富课外知识，陶冶情操，增强体质。但是，如果不懂得有关的游乐安全知识，或者思想麻痹、疏忽大意，往往事与愿违，容易导致财物损失甚至人身伤亡事件的发生，给个人、家庭乃至社会造成悲剧。

为了帮助广大青少年学生掌握外出游乐时的有关安全防护知识，预防和减少游乐过程中不幸事件的发生，我们将从园林、风景区、游乐场、动物园内等经常发生和容易发生的各类不安全问题入手，结合典型案例，分别阐述游乐时的种种自我保护方法和相关的保健常识。

谨慎走路防失足

去风景优美的名胜古迹游览，最重要的人身安全问题是走路。这些场所的道路与城市、农村不同，有的是弯弯曲曲的小道，有的是崎岖不平的山径，有的紧挨着悬崖峭壁，有的依傍着溪涧深潭。游客行走稍有不慎，就会扭伤、摔伤，甚至酿成更大的悲剧。

李琳与小方、小慧两位同学来到城外的狮子山游玩。这里山路坎坷，行走艰难。李琳曾经到此游览过两次，对山上的几个景点比较熟悉，理所当然地走在前边，担当起“向导”的角色。小方、小慧嫌她走得太快，要她慢一点，她却笑话小方、小慧是胆小鬼……谈笑间，突然“哎哟”一声，快步在前的李琳重重地摔在山坡上，动弹不得，露出一副痛苦不堪的神色。小方、小慧走上前去弯下身子一看，原来她踩在路边的青苔上滑倒了。她俩赶紧架着李琳下山，叫了一辆出租车，送进医院诊治。经医生检查，小李的踝韧带扭伤，结果卧床几天。

走山路、曲径要特别当心。一是步子要小，速度不能太快。有台阶的必须拾级而上，不要一步跨几级。二是要在路的中间行走，以免因路边高低不平或者生有青苔而跌倒摔伤。三是步行在悬崖峭壁或溪涧湖沼旁边的道路上，应该尽量靠着路的里边行走，谨防万一不慎落入谷底或水中。四是在路况不好的情况下，坚持“走路不看景，看景不走路”的原则。

爱心小锦囊

安全下山，需要防止两种危险动作：同学之间你追我赶，看谁下山跑得快；或者将身体倚跨在路旁的栏杆上往下滑。

爱心小贴板

有山地走路经验的人，下山时往往采取身体后仰姿势，步子迈得小而慢，而不像上山时那样，身体前俯，眼睛看着脚下的路。假如路边设有栏杆，上山下山都应抓住，以确保安全。

青少年学生好奇、好乐、好胜心较强，在游览风光的过程中，喜欢追逐打闹或者跑到别人不敢去的危险方位游玩、拍照，这也是非常不安全的。

高翔同学是个摄影爱好者，每当同学们结伴外出旅游，他总要挎上一架照相机，自告奋勇地为大家服务。那天，他与班里三个最要好的同学到青龙山去玩。走到半山腰，他发现有两棵形态奇特的大松树，决定四人在此合影留念。然而，要把这两棵树完整的摄入镜头，他们四人必须站在悬崖峭壁旁的草丛中，那里十分危险，一向无人涉足，高翔指挥三个同学到位，支好三脚架，打开相机镜头，按下自拍快门，然后急急忙忙地向同学们身后跑去。恰在此刻，险情发生了——脚下一块小石头把他绊了一跤。跌倒在地的高翔，如再滚动半尺，等着他的就是万丈深渊，吓得他脸色发白。

爱心小贴板

青少年登山游玩，还有一种情形需要防止，那就是为了节省时间抄近路上山而不从风景区规定的线路登山。这样，有的同学在攀登时可能会因脚下的石头松动而滑下山来，有的同学可能会因抓住的树枝突然断裂而摔下山沟，类似的事故确也屡见不鲜。对此，大家必须引以为戒，规规矩矩地按指定线路上下山。

攀高钻洞须小心

在许多园林、风景区内，人们都可以见到形形色色的古塔，诸如石塔、木塔、砖塔、方塔、双塔……这些有着悠久历史的古塔为园林、风景区增添了姿色，也给前来游览的青少年学生带来了乐趣。然而，如果登塔游玩不慎，就会招致人身伤亡事故。

有一年的“六一”儿童节，某市城东小学10多名学生结伴来到一处寺院游玩。寺院内刚刚修缮一新的古塔格外引起他们的注意。大家一进入院内，就不约而同地朝它奔去，都想抢先登上塔顶。于是，意外事故由此引发：率先登塔的那位同学，唯恐后边伙伴赶上来超过他，在爬上第五层阶梯时，性急慌忙，一脚踏空，人滚落下来，紧随其后的几个同学也被纷纷撞倒，造成两人重伤，三人轻伤的严重后果。

这起争先登塔造成的事故告诉我们：登塔时要沉着冷静、脚踏实地、一步一步、稳稳当当地往上攀；阶梯旁有栏杆的，必须抓住栏杆逐级而上，不可操之过急，不可跳跃式地跨级攀登。螺旋式的塔梯，登攀的速度尤其不宜太快，免得头晕目眩跌倒受伤。在塔上观看远处风景时，万万不能把半截身体探出塔外；严禁跨越围栏到塔檐下或塔脊上捕鸟捉虫或拾取物品。特别是年久失修的古塔，即便允许攀登，也应格外小心。明令禁止攀登的古塔，我们应自觉遵守规定，切不可抱着侥幸心理，擅自登塔。

登假山与登塔的情况有所不同。假山是由石头、水泥堆砌而成的。假山上的路径、石阶往往既不平坦又很狭窄。所以，攀登时必须眼看脚下，用碎步子缓缓地拾级而上。性子急，步子快，眼睛东张西望，很容易扭伤脚踝或者失足跌伤。尤其不能随心所欲地抄近路、走捷径，从没有路径的地方攀登。

某市初二学生小赵是个有名的急性子，14岁生日那天，恰好是星期日，他与同学小张带了照相机去园林玩，一心想拍几张好照片留作纪念。他们来到一座并不高的假山前，小赵料想假山顶上景色不错，便往上攀去。谁知他转了两圈，非但没有登到山顶，反而误入一个山洞。此

爱心小锦囊

身体素质差的和患有头晕病、恐高症的学生，不得登塔游玩，以免发生晕倒、跌伤等事故。

时，情急之中的小赵不再从山径上走了，而是踏着山石，直线登攀。当他快要登上山顶之际，忽然脚下一块石头松动，身体失去平衡，跌了下来，脸撞在突起的假山石上，鲜血直流。

山洞有真假两种。不论是真山洞，还是假山洞，低矮的、潮湿的、地面凹凸不平的、没有照明设备或者虽有而光照量不大的居多，部分山洞还有小动物活动着。许多事实说明，钻山洞有一定的危险性，青少年学生们在游玩中以尽量不钻为好。倘若要钻山洞，应带上照明器具（最好用电筒），看清洞内情况，慢慢前行，当心头撞洞壁，防止脚下踏空摔跤和小动物的袭击。

惊险项目要量力

如今，许多游乐园内都设置了高空游览车、旋升飞机、过山车、水上漂流、索道飞渡等游乐项目。这些游乐活动具有很大的刺激性和吸引力，但有一定的不安全性，其中不少项目比较惊险。

对于惊险游乐项目，青少年学生们具有矛盾心理：很想玩又害怕玩，不玩又不甘心。为此，我们奉劝大家一句：参加任何游乐活动都必须把人身安全放在第一位，做到量力而行，不勉强，不逞强，并且严格遵守游乐规则。

胆小、体弱、心理承受能力差和患有心脏病、恐高症、晕眩症等疾病的学生，不能去玩惊险项目，免得身心健康受到损害，导致休克、晕厥、旧病复发，危及生命安全。

某市第二十中学女学生严莉，体质比较虚弱，患有先天性心脏病，而且晕车，但已多年不发了。那天，她去东方游乐园玩，看见不少同学乘了“过山车”后，特别兴奋，心里痒痒的。在好奇心的驱使下，小严也登上了“过山车”。车开之前，她居高临下，“一览众山小”，感觉非常好。没想到，过山车启动后，一个俯冲，又一个 360 度大旋转，就把她吓得尖叫起来。等到“过山车”停下，严莉已经不省人事，座位上吐了一摊污物。游乐园工作人员见状，连忙将她送到医院救治。经医生检查，是先天性心脏病复发，幸好抢救及时，没有造成严重后果。

据后来了解，严莉同学是抱着侥幸心理去玩“过山车”的。她认为自己的病已多年不发了，乘一趟车过把瘾，估计不会出问题。这是在拿自己的生命冒险，万万不可取。大家应该从她身上认真吸取教训！

爱心小贴板

医生提醒，像过山车这类剧烈的游乐活动，颈椎有病的人、心血管病人、体质虚弱的人、年龄太小的孩子和老年人，都不宜参加。因为，过山车在上下时的运动速度很快，在高速转弯或从陡坡冲下来时，产生的力度比正常速度大几倍。这时，会出现头和身体不协调的情况，容易受伤。

量力而行，对于溜冰的青少年学生来讲，就是要根据自己溜冰技术的熟练程度来决定怎样参加溜冰活动。初学溜冰者，应在人少的旱冰场练习，并请他人在身边帮教。这样既安全，进步也快。溜冰技术一般的学生，滑行速度切忌过快，转向、拐弯要减速，不能操之过急。在人多的场地溜冰，无论技术熟练与否，滑速都宜慢不宜快，谨防相互碰撞而受伤。当然，劣质的溜冰鞋不能买，鞋带必须系紧，这是最基本的安全要求。

北方的滑冰活动，比南方的溜旱冰危险性大得多。除了要有好的滑冰技术、好的冰刀、冰鞋，并且熟知花样刀、速滑刀、球刀的不同性能之外，最重要的是必须选择可靠的滑冰场地，不宜在天然河、湖冰面滑冰，以防由于冰层破裂或掉入冰窟窿而丧生。我们每年都能从报刊、广播和电视上看到、听到有关报道。这种险情一旦发生，抢救比较困难，弄不好抢救者也要遭殃。

爱心小贴板

确保惊险项目的游乐安全，要自觉遵守游乐规则。比如：玩高山滑梯的时候，严禁身穿背后有拉链的游泳衣裤，防止滑行中拉链与滑道摩擦，伤害人体；玩“碰碰车”时，驾车人的双腿不得伸出车外，而且身体与方向盘之间应保持一定距离，以防两车相碰导致驾车人的腿脚被轧伤、压伤、撞伤，或者驾车人的嘴巴撞到方向盘上碰伤；玩旋转上升的运动项目，必须系好安全带，人体不得探出运动器外，以免激烈运动中发生人身伤亡事故，等等。对于这些游乐规则，青少年学生们在游玩前必须认真阅读，并在游玩中严格遵守。

骑马游玩防跌伤

近几年来，许多游乐场所都增设了骑马游乐项目。对于一些平时看都看不到马的青少年来说，这个项目十分吸引人。但是，少年儿童不宜单独骑马游玩，即便是成年学生骑马玩也应当谨慎小心，有安全保障才行。不然，骑马容易出事故。

小李、小张结束高考之后，结伴而行去某游乐场放松一天。小李看到游客们骑在高头大马上显得威风凛凛，决定也去尝试一下。因为他从未有过骑马经历，于是，游乐场的养马人就把小李扶上马背，然后牵着马往前行，以保安全。走

爱心小锦囊

没有骑马本领的青少年学生，切不可单独骑马。若是喜欢马想骑上去玩一玩，一定要让养马人牵引着前行，或者与养马人共同骑在马背上，由养马人牵引缰绳把控。

了一圈，小李觉得有些乏味，就叫养马人放手，让他独自骑马走一圈。没行多远，后面一壮汉骑马奔驰而过。这下子惊动了小李骑的那匹马，它突然快速跑动起来，小李坐在马鞍上一起一落颠晃着，吓得心惊肉跳，两手勒紧了缰绳。没有想到的是，缰绳勒紧了，马儿跑得更欢快，拐弯时小李从马背上摔了下来。幸好，养马人迎上前去喝住了奔跑中的那匹马，小李才没有伤及骨头，否则，后果难以设想。

水中游乐防意外

玩水中游戏既能给人带来乐趣，也会给人造成伤害。就拿游泳来说吧，不会游泳的人如果落到水深之处，便可能溺水而亡；即使会游泳者，倘若缺乏水中安全知识或者麻痹大意，也可能发生事故。

万成铭是远近闻名的游泳好手，一次能在水中连续游上数千米。万成铭希望儿子能够超过他，成为水上蛟龙，于是给儿子取名万泳龙。儿子没有辜负父亲的厚望，从小喜爱水，游泳的天赋也特别好。小学毕业时，他就能在水中一次游泳千余米。然而，不幸偏偏降临到他的身上：初中一年级放暑假后的第一天，万泳龙却在河里溺死了。当时，他已在水中连续玩了一个多小时，突然，大腿抽筋使他沉下水去。岸上有人听见他叫了一声，便不见踪影，以为他潜下水去玩了。后来发现情况不对，人们赶来下河援救，但已为时晚矣。

14 岁的丁天溺水而亡的情形与万泳龙不一样。他是在船只往来较多的大运河里游泳潜水时，一头撞在船体上，以致昏迷而沉下水底的。

也许同学们会说，在游泳池里玩是不会出这种人命关天的大事故的，但事实并非如此。在我国的一些大城市里，几乎每年都有少年儿童溺死在游泳池中的事情发生。我们知道游泳池都是由浅水区和深水区两部分组成的，不会游泳的人因为误入深水区，或者会游泳的人由于突然抽筋、脱力等原因而无法游出深水区，当时如果游泳池内人很少，离得又远，没有注意到，或是工作人员擅离职守，都会造成此类溺水事故。

为了防止游泳池内悲剧的发生，不会游泳的青少年学生应该在下水前首先了解清楚浅水区与深水区的分界，始终坚持在远离深水区的区域学习游泳，不要你推我拉，打笑嬉闹。并且，最好要有会游泳的人在旁边帮教。会游泳的青少年学生，下水前应该适当地做一些准备活动。连续游泳的时间不宜太长，每隔一小时左右，应离水上岸休息一会儿，防止抽筋、脱力现象发生。在游泳池内，严禁进行跳水、潜水活动。在船只过往多的大河里和浅水河中也不得潜水，以免撞到船只或水下硬物伤害身体，危及安全。

此外，女学生在男女共用的游泳池内或者河中游玩时，必须提高警惕，保持严肃态度，避开陌生异性；不请道德品质差的男性传授游泳技术，谨防性骚扰和流氓侮辱事件的发生。如发现动机不纯的人，应设法赶快离去。若对方纠缠不清，必须呼喊求援或者发出警告，并应及时报告游泳池工作人员、公安干警。假如碍于面子，考虑个人得失，采取忍耐退让态度，结果只能适得其反。

卫生部门规定，患有肝炎、皮肤癣疹、重症沙眼、急性角膜炎、红眼病、中耳炎、心脏病、肠道传染病等疾病者以及皮肤破损、病后体虚者，不得进入游泳池。一方面是因为他们下水，对自身健康有害无益；另一方面是因为他们可能把病菌、病毒带入池中，传染给他人，造成不良后果。

需要特别指出的是：有些人错误地认为，海水中含有盐的成分，并有大量的浮游生物会吞噬菌体，由此推断海水有很强的杀灭细菌能力，如果皮肤破损或有皮肤病，只要到海水里去洗个澡，就会不治而愈的。其实并非如此，弄不好还会引发败血症。因为海水虽能抑制或者杀灭一些细菌，但其中含有的"创伤弧菌"会造成人体皮肤伤口严重感染，使伤口周围形成水肿、红斑，引起剧烈疼痛，并且通过皮肤伤口侵入人体，迅速穿过肠黏膜侵入血液，最终形成原发性败血症。此病如果得不到及时有效的治疗，死亡率可达40%至50%，后果十分严重。

青少年在园林、风景区内河湖池边洗手、洗物、打捞掉入水中的东西，或者从边上无栏杆的小桥通过的时候，也都必须小心谨慎，切不可麻痹大意。

乘坐游船、游艇需要注意以下几点：必须从规定的码头上下船（艇）；必须等到船（艇）停靠稳当、缆绳固定后方可上下船（艇）；幼儿必须有成年人带领；12岁以上的少年儿童方可乘坐游船（艇）；人在游船（艇）上不得蹦跳打闹，不得簇拥到游船（艇）的某一侧，等等。

在玩“水上跳伞”时，更要注意安全。所谓水上跳伞，就是携带降落伞乘坐水上快艇，在快艇高速行驶过程中，自己面朝船尾方向，突然打开降落伞升空，然后慢慢地收拢降落伞，落回水中快艇上。如果因发生故障而使降落伞不能全部打开，人就会被拽入水中酿成事故；或者因操作技术不熟练，收伞后不能准确地落到快艇上，人也会掉入水中。江南某水上乐园就曾多次发生过这类事故。

爱心小贴板

玩“水上跳伞”，要避免发生险情，一是要选择有技术保障的景点玩水上跳伞；二是自己必须具有熟练的操作技术；三是缺乏足够的心理承受能力者不得玩水上跳伞。少年儿童尽可能不要去玩这种游乐项目。

动物园里防伤害

一天下午，山东省淄博市7岁儿童张某，独自一人跑到淄川区公园门口玩耍。他趁工作人员不备之际，悄悄溜进园内。当他看见铁笼内的黑熊那副憨态时，觉得十分新奇。于是，张某拔了些青草，越过竹护栏，走近铁笼去给黑熊喂青草。不料，黑熊突然将爪子伸出笼外，抓住张某的手臂拉近笼子乱撕。幸亏公园工作人员闻声迅速赶到，将张某救了出来，但他的手臂肌肉已被黑熊抓烂，头部、面部也被抓伤。

2012年2月4日中午，济南跑马岭野生动物世界猛兽区内发生的游客遭老虎群围攻的一场惊险情景，真是让人吓破了胆。事情是这样的，27名游客去猛兽区观看孟加拉虎，本来按规定应当搭乘一辆车窗有铁栅栏、车胎有防护盖的特制游览车入内，但这天景区工作人员却让游客乘上一辆普通巴士。结果，七八只老虎袭击了这辆中巴车。一位带着老伴、女儿、女婿和外孙的游客说："我坐在最后一排边上，看到有只老虎啃轮胎，把牙崩断了，流了一嘴血。它暴怒起来，叫来七八只同伴，跳起来拍窗，两掌就把玻璃拍碎了，我外孙看见老虎，吓得钻到座位底下，嗷嗷大哭。最后，七八只老虎开始猛烈的围攻车辆，探头探脑地想进来，整车人陷入巨大的惊恐，尖叫声不断响起。"另一位游客说："我们有游客报了警，僵持了20分钟后，据说景区工作人员也从监控里面看见了，便来开门，司机迅速将车驶进防护门内，全车的人才虎口脱险，能捡条命回来是侥幸。"虽无人伤亡，但游览的大人、小孩精神上因为恐慌而受到无形伤害是肯定无疑的。

以上两个案例充分说明：少年儿童去动物园内游玩时，必须注意自身安全，严格遵守动物园的有关规定，在任何情况下都不得攀越跨钻防护栏杆，尤其不能靠近或钻进饲养动物的铁笼去观赏、挑逗、喂食或者与动物合影留念；也不得任意伤害动物，如用树枝、木棒、竹竿等物戳刺动物，投掷石块、泥土、塑料等物品击打动物，追逐、捕捉、伤害散养的小动物；等等。这些伤害动物的行径，既会使动物受伤，也会给自己的安全带来威胁。

游山玩水防歹徒

园林、风景区往往是歹徒时常出没的场所，必须提高警惕，学会自我保护。

北方某市两个中学生结伴来到一处名山大川游览。他们在山上玩了3个多小时之后，转到山背后。这里虽无优美景点可供欣赏，但是游人稀少，树木茂盛，花草丛生，十分清静，空气也格外新鲜。于是，这两个学生就在石头上坐下来，打算歇一下脚再玩。顷刻之间，树林子里冲出3个虎背熊腰的大汉，手持凶器，气势汹汹地逼着他俩交出了身上仅有的200多元现金，然后溜之大吉。

在园林、风景区内为非作歹的人相对来说是少数的，但由于环境复杂，他们作案的成功率往往较高，对游客的人身、财物安全也就构成了严重威胁。所以，广大青少年学生游玩时必须提高警惕。首先，要具有安全防范意识，在与陌生人交谈时要十分谨慎，更不要有贪便宜的念头。其次，不可离开正常游览线路，跑到荒凉、冷落、偏僻的地方去，或者钻进树林子里去玩，须知这些地方可能隐藏着图谋不轨的歹徒，一旦遇上了就危险。万一财物被骗遭抢，应尽量看清对方的体貌特征和逃跑方向；若附近有人，要大声呼喊求援；若附近无人，则要马上报告园林、风景区的工作人员、保卫部门或公安机关，并带领他们围堵案犯。

运用知识防灾害

洪水、地震、海啸、泥石流、火山爆发等自然灾害，对人类的安全构成了严重威胁。为了抵御自然灾害对人类社会的危害，长期以来，中外自然科学家们对于自然灾害的特征、规律、预测、预防措施等进行着不懈的研究和探索，创造了宝贵的自然科学知识。广大青少年认真学习这些知识，无论是在家中、在学校还是在外出游乐过程中碰到自然灾害发生的时候，都可帮助自己消灾避难，有效地保护自身安全。

洪水来临时的逃生

我国每年都有部分地区发生洪水灾害事故，很多人为此失去了家园甚至生命。他们中就有一定数量的青少年。因此，我们也应学会在洪水灾害事故中逃难的方法。

(1) 洪水袭来时，不要慌乱，应服从当地政府、学校、社区的安排部署，有序地进行人员疏散和财产转移，但应以保障生命安全为第一。

(2) 发生险情时，中小学生一般以避灾为主，不宜参加抢险活动，尤其是危险的抢险活动。

(3) 洪水即将来临时，要有秩序地将人员和财产向高处转移，尽可能地减少不必要的损失。

(4) 遇到洪水突然袭击，来不及逃避时，就应在原地避水。室内进水前，要及时拉断电源，以防触电事故的发生。

(5) 在室外则要避开大树、电杆、变电器等比较容易引雷的地方，保持比较低的姿势，不要手持带有尖端金属的物品，以防止遭受雷击。

(6) 洪水猛涨时，可先躲到屋顶，大树或附近小山丘上暂避，并用绳子或被单等物将身体与烟囱、树木等固定物相连，以免被洪水卷走。被洪水围困时，尽可能收集一切可以用来发出求救信号的物品，如手电筒、哨子、旗帜、鲜艳的衣物等，及时发出求救信号。在洪水汹涌时，切不可下水，因为水流中的漩涡、暗流等易对人造成伤害。

(7) 人在洪水之中时，要尽力躲避大浪，尽量抓住漂拖物，挥动鲜艳的衣服进行呼救。

(8) 山区山洪暴发，山沟、河滩中水深齐膝，水流又急时，不能单身过河。

身处自然灾害中的青少年的人身安全，还有赖于他们父母的聪明才智，在那种无法直接抗拒的自然灾害面前，惊慌失措，盲目逃生都是苍白无力的。当然，最好的对策是，在外出游玩之前，就对即将涉足的不同游乐场所、地区可能遇到的自然灾害进行预测，并定下对策。这样有备而来，万一出现某种自然灾害，也会临危不惊，泰然处之，避免或者减少自己受到的人身伤害。

泥石流的防范

泥石流即泥、水、石混合成的一股洪流，是河谷中洪水引发的携带大量碎石等固体物质的快速流体，通常在瞬间暴发，具有很强的冲击力和破坏性，多发生在峡谷地区和地震、火山多发区。世界上有50多个国家存在泥石流的潜在威胁，由于生态环境日益遭到破坏，进入20世纪后，全球泥石流暴发频率急剧增加。泥石流给我们带来的损失是巨大的。

2010年8月7日晚8点前后，甘肃省甘南藏族自治州舟曲县发生特大山洪泥石流灾害。奔涌而下的泥石流冲进了舟曲县城，并且形成了堰塞湖。房屋倒塌，桥梁断毁，人民生命财产遭受严重损失。

防范泥石流的袭击，应注意以下几点：

（1）突遇暴雨、路经山谷地带时，要留心观察周围环境情况，如果道路两旁植被遭严重破坏，就要迅速转移至安全的地方，切勿长时间停留。

（2）泥石流一般发生在大量降雨之后，暴发时会发出巨大声响。所以，大量降雨时，特别是听到从附近山谷传来打雷般的声响时，应立即采取避险措施。

（3）如果遭遇泥石流，要立即选择与泥石流垂直的方向沿两侧山坡往上爬，爬得越快越高越安全。切记，不要顺泥石流方向往下跑，因为泥石流的速度往往快于人们奔跑的速度。

（4）如在野外露营，要注意选择高处平坦安全的地方，尽可能避开有滚石和易发生滑坡的坡地下边，不要在山谷及河沟底驻扎。

大型活动慎参与

大型活动指的是由成千上万人共同参加的文艺演出（如音乐会、演唱会）、体育比赛、商贸活动（如展销会、集中销售彩票）以及庆典（如闹元宵、国庆集会）、游园、灯会等。这些大型活动人员众多，成分复杂，时间较长，秩序难以控制，危险性较大，容易发生火灾、建筑坍塌、桥梁断垮、交通堵塞等治安灾害事故，导致人员伤亡。青少年身体弱小，一旦置身其中，往往首当其冲。

2010 年 11 月 22 日是柬埔寨的送水节，首都金边王宫广场前的湄公河上举行了龙舟赛，420 条龙舟、28000 名选手参赛，300 万群众前往观看。结果，在观众通过一座桥梁时发生踩踏事故，造成 375 人死亡，755 人受伤。

2004 年 2 月 5 日，北京市密云县举办元宵灯会，由于对参加群众的数量估计不足，保安措施没有落实好，以致大量人员争先恐后地通过灯区云虹桥的时候，发生拥堵，踩死 39 人，踩伤 100 多人。

在上述治安灾害事故的死伤人员中，青少年都占有一定比例，值得大家引以为戒。鉴于此，举办大型活动时，未成年人尽量不要去参加，可以在家中通过电视收看大型活动的实况。青少年倘若在家长（监护人）的带领下有选择地参加大型活动，则务必做到：① 遵守公共秩序，服从警方管理，不起哄拥挤。② 始终与家长（监护人）在一起，不乱跑不走散。③ 看清脚下的路，小心行走，谨防跌倒摔跤。④ 人员密集拥挤的地方不要去。⑤ 勿从狭小且人多的通道、桥梁行走。⑥ 莫在不坚固的无防护栏的桥梁上通行。

就近旅游较安全

春秋两季，气候宜人，景色优美，是人们外出旅游的最佳时机。这时候，学校往往会组织学生出去旅游观光，享受大自然的恩赐。春秋天或者假期中学生旅游，有利于他们陶冶情操，增长知识，拓宽视野，本当是件好事。但是，如果旅游时间短、路途远，组织安排不当，就容易引发治安灾害事故。

2004 年春季，江苏省某市一所中学组织学生去浙江杭州市旅游，由于时间只有一天，往返路程数百公里，所以这天清晨他们早早地就出发了。当晚，旅游学生乘坐的一辆大客车在返回学校的途中，突然撞向公路边上一家工厂的传达室，造成 8 名学生死亡，10 多人受伤。据警方调查，这起事故发生和死伤人数多的一个主要原因是疲劳：司机疲劳驾车；旅游疲劳的学生在车上睡觉或打盹，毫无防备心理。

该事故发生后，为保护旅游学生的人身安全，当地教育部门采取了一系列措施，其中有一条明确规定，今后学校组织学生外出活动，行程不得超过 1.5 小时。因为紧张的长途旅游，一方面容易给学生带来过分疲劳，既不利于他们身心健康，又不利于紧急情况下的自我保护；另一方面，司机连续驾车时间过长，不能得到适当休息，精力消耗太大，会留下交通事故隐患。特别是在行驶中的车辆遇到紧急情况时，往往采取措施失当，容易造成学生伤亡。所以，学校应以学生安全为重，就近组织学生旅游或参加社会实践活动。假如学校不这样做，青少年学生可以抵制长途外出的各种活动，坚决不予参加，以保护自身安全。

模仿惊险动作危害大

小雷生性活泼，因为他的生肖是猴子，又像猴子一样灵活好动，同学们就亲昵地叫他“小猴子”。2011 年春节后开学了，却不见小雷的人影，大家觉得奇怪，就去问班主任王老师。王老师说，小雷住医院了。

原来，小雷在春节前放寒假的时候，看到电视上一档骑自行车表演的节目，表演者骑着自行车时而快时而慢，时而左转时而右转，灵活自如，随心所欲，甚至自行车停止前行时，表演人双手脱离把手、直立在车上，赢得现场观众如雷掌声。小雷感到太棒了，觉得自己骑自行车四五年了，水平也不低。于是，从第二天起，小雷就模仿表演者的动作，练习着骑车的艺术，想在春节后开学时给同学们一个惊讶的骑车表演。

爱心小锦囊

喜欢模仿是孩子的天性。但是，有些危险动作千万不得模仿。否则，就要付出沉重的代价甚至是生命。

然而，小雷在练习骑车艺术的第三天，一个麻痹大意，人从自行车上摔了下来，造成右手骨折，住进医院做了手术。

现在，电视、电影和网上的一些节目中，常有魔术、特技、体育比赛、野外运动的一些惊险镜头，看上去很有味，特别是对青少年很有吸引力。但是，千万不要为了快乐、为了逞能而去模仿这些惊险动作，免得像小雷一样吃苦头。

2012 年 3 月 1 日下午，小学五年级的学生小华和小美，在课堂上完成一纸遗书后，就一起跳进了一口 2 米多深的池塘里自尽。遗书称，要穿越到清朝去拍皇帝电影。这就是媒体报道的福建两小学女生因“穿越”自杀的事件。

前一时期，穿越剧引起人们的广泛好奇，本身好奇心强的中小学生亦不例外。缺少社会经验和分辨能力的中小学生容易把假想当成真实，混淆历史与现实的区别，以致出现上述模仿“穿越剧”而形成的不幸。

爱心小贴板

青少年朋友们，影视里的惊险动作千万不要模仿啊！作为未成年人的父母们，应该对小孩进行安全教育，讲清模仿惊险动作会带来的人身安全危害，特别是对模仿性强和好奇心强的小孩子要加强教育，尤其是在他们出现模仿惊险动作念头（想法及语言流露）的时候，应当引起高度警惕，切实采取措施加以制止，以防模仿的危害成为现实。

喜庆谨防爆竹伤

元旦、春节和举行婚礼的时候，燃放烟花爆竹是由传统的喜庆民俗。然而，燃放烟花爆竹不小心，会带来火灾，造成人员受伤，空气也会受到污染。

据不完全统计，2012 年春节期间，全国因为燃放烟花爆竹造成 100 多人受伤，其中多数是青少年学生。

怎样才能防止发生“爆竹伤”，保障燃放烟花爆竹安全呢？

安全燃放烟花爆竹，首先要做到购买正规的烟花爆竹，切不可贪图便宜购买不正规的“三无”产品。正规的烟花爆竹是由正规的商店出售的。正规的烟花爆竹是指国家依法批准生产烟花爆竹的工厂生产的合格产品，这种烟花爆竹引线的正线、备用线是绿色或红色的，只有藏在烟花爆竹身体里的快引线才是白色的。而不正规的“三无产品”烟花爆竹（俗称“黑炮”），往往存在头数不够、响率低、不稳定、断火等问题，而且壁厚可能不够，容易导致横炸或者容易在高温、摩擦、振动等情况下引发火灾、爆炸等事故，燃放时也容易造成人身伤害。

其次，安全燃放烟花爆竹，必须远离火种、电源及可燃性物品，仔细看清烟花爆竹外包装上的说明，然后按规定燃放。

第三，燃放中出现异常，如熄火等，切勿再行点火，也不得靠近观望，应当至少在 15 分钟后再行处理。如遇大风、中大雨等自然环境，也不能燃放烟花爆竹。

第四，少年儿童绝不能在没有家长或成人的监护下燃放烟花爆竹。

爱心小贴板

一般来说，烟花类燃放时不能倒置；吐珠类应插入地面成 45 度角，点燃后人即离开；喷花、礼花、组合类要置于硬固地面，燃放中不能倒筒；燃放鞭和炮时均严禁手持，其中鞭应在室外吊挂在竹竿上燃放，炮仗应直立地面燃放。在点火方式上，应采用烟或香点火，侧身点燃（严禁身体任何部位正对产品的燃放轨迹方向）后，人即离开到安全位置。

礼貌待人息纠纷

园林、风景区是游客集散地，随着人们生活水平的提高，前往游玩的人会越来越多，由此带来的游客之间的纠纷也就可能增多。例如,买门票争先恐后,行走时相互碰撞,餐厅、茶室里争座位,景点拍照抢时间,等等。这些纠纷如果处理不好,就会由争执发展成为打架斗殴,伤人毁物,后果也会十分严重。

国庆节那天,3个上海学生与3个无锡学生在某市一处园林相遇。由于园内人多拥挤,上海学生甲走路不慎,踩了前边无锡学生乙的脚跟。按理说,这种事不足为奇,甲主动向乙道个歉,或者乙持宽容态度不予计较,事情也就过去了。然而事实并非如此,双方互不谦让,相互斥责对方,火上加油,于是6个人都动了手,对打起来。直到园林派出所来人干预,方才制止了这场群殴。结果,6个人都程度不等地受了伤。

中国有句古话"让人三分不吃亏",意思是说,置身于无原则的纠纷时,应该容忍谦让,以求息事宁人,避免矛盾扩大激化。反之,如果遇到一点小事也非要论个是非曲直不可,不肯让人,结果难免使矛盾激化,上述事例便是最好的说明。

旅游保健须切记

外出旅游,掌握一些有关的保健知识,对于健康和安全都是十分有益的。这些保健知识主要包括外出旅游时间、衣着、饮食以及随身携带保健药物的选择等。

外出旅游的时间,以选择气候适宜、风景优美的春秋两季为宜。冬天气温低,天寒地冻外出旅游容易冻坏身体;夏天赤日炎炎,室外活动时间过长,容易中暑。不是出于特殊目的,冬夏两季一般不宜出游。如在盛夏严冬外出旅游,一般来说,夏天宜往北方旅游,冬天宜向南方出行。这样,可以减轻不良气候对身体健康带来的负面影响。

此外,在感到身体不适或者患病期间以及紧张的考试刚刚结束时,也不宜外出旅游。身体不适勉强外出旅游,很可能由于途中劳累而降低免疫力,导致生病,影响健康。而身体患病期间坚持外出旅游,将会妨碍正常治疗,延缓康复日期,甚至会加重疾病,造成严重后果。连续考试阶段,人的大脑和神经高度紧张，有人错误地认为，考完之后即应出去旅游，松弛一下神经，有利于迅速调整、恢复精神。但实际上，这种做法是有害身体健康的。医生告诫我们，人的中枢神经系统要想从一度高度集中状态松弛下来，需经过几天的休息调整。而随即外出旅游则会使体力大量消耗，得不到应有的休息。在精神高度紧张尚未松弛之际外出旅游，造成劳累，这对学生的身体素质影响很大，极易致病。鉴于此，广大青少年学生在期中、期末和升学考试结束之后，应先在家中休息一两天，然后再外出旅游。

外出旅游的衣着，应该根据季节、气候的变化和旅游活动的特点而有所选择。春秋两季早上气温较低，外出时最好多穿一件外套，免得受寒。夏秋之交和秋冬之交，气温由高转低，有时变化无常，温差很大，应该随身多带一两件衣服，以防气温骤降冻坏身体。爬山越岭，不要穿太宽松的服装，女孩最好不穿裙装。到度假区休憩，则不妨穿得宽松闲适。参加体育锻炼性旅游活动，宜穿运动服。

在旅游过程中，若因步行、登山等剧烈运动浑身冒汗，可把外套衣衫纽扣解开，停下来休息一会儿，不能为了贪图一时舒服而急忙脱衣解装，甚至袒胸露腹；也不能跑到风大的地方去吹风解热。要知道，这样一热一冷，体质不强的学生是很容易着凉生病的。

外出旅游穿鞋也有讲究。切忌穿高跟、中跟皮鞋或塑料底鞋去旅游，因为穿这些鞋子走路不稳，特别是在台阶、坡路上行走，容易扭伤、摔伤，而且长时间行走，双足容易疲劳。外出旅游应选择球鞋、旅游鞋、运动鞋，这些鞋子的跟是平的，鞋底也平坦柔软，具有弹性，走起路来稳健扎实，可预防在山地、阶梯行走时扭伤、滑倒，且能缓解因长时间步行后双足产生的疲劳。

夏天外出旅游的青少年学生最好戴上墨镜，保护眼睛，避免旅途中长时间强烈的阳光照射给眼睛造成无形伤害。特别是雪后晴天外出旅游，戴墨镜可以防止“雪盲”。所谓“雪盲”就是人眼很不适应雪地的强光反射，因而出现的严重畏光、流泪和有强烈烧灼感等症状，严重的会导致暂时失明。这是因为雪地对紫外线吸收少、反射强的缘故。若戴上墨镜，眼睛就不会受到损害。

旅游中的饮食直接关系到游客的健康，外出旅游的学生要小心谨慎，坚持做到“四不”：

(1) 不吃腐败变质、生冷、不洁或者被苍蝇叮爬过的食品。如果你发现随身携带的食物有异味、异色、异样变化，则应抛弃，以免因小失大。若到饭店用餐，应挑选卫生条件好的店家，不可为了省钱而到价格便宜但卫生状况差的饭店用餐。

(2) 无论在什么地方用餐或吃零食，都不要用脏手直接拿食品。非用手拿食品不可时，应该先用净水把手洗干净。

(3) 不要喝生水。生水中往往含有伤寒、痢疾杆菌等病菌，喝了这种生水或者食用了用这种生水洗涤过的瓜果、冷拌菜，都容易引起胃肠疾病。

(4) 不要喝或吃过多的饮料或冰棍雪糕。饮料和冰棍雪糕都是冷食，而且含有过多的糖分。冷食吃得过多，会刺激肠胃，引起疼痛。糖分在体内消化时需要水分，食用饮料、冰棍过多，反而会感到更加口渴。所以，长时间外出旅游者，应带上冷开水供解渴饮用，或者购买质量可靠的矿泉水、蒸馏水，以备饮用。

另外，青少年外出旅游时，应该根据自己的体质情况，有针对性地带上一些保健药物，以防犯病时能随即进行简单的自我治疗。

在校时的安全防护

中小学教育是整个国民教育的基础,学校教育形式是我国青少年一代受教育的基本形式。一般来说,他们每天有三分之一左右的时间是在学校里度过的。为了保障学生在校的安全,这一部分将针对校内容易发生的安全问题,从课堂教学、劳动实习、集体活动、课间休息、学生宿舍、饮食起居、相互纠纷、校园暴力、学校责任等方面,讲述学生在校加强自我保护的有关知识。

体育锻炼中的安全防护

体育是学校教育的一个不可缺少的组成部分。学生通过体育锻炼,不仅可以增强体质,促进身心健康,而且有利于全面提高自身的素质。

课内外体育活动的特点是“动”。同学们活动时,不仅要与环境发生直接接触,而且还要直接运用各种体育器材,这就包含着不安全的因素。所以,体育课有它自己所特有的教学秩序,不仅要坚持严格训练、严格要求,而且要求同学严格地遵守纪律。课外体育活动虽然比体育课自由,但同样必须遵守纪律和学校的有关规定。否则,不但达不到体育锻炼的目的,而且会发生人身伤亡事故。

某市一中心小学体育课上，学生排成两队在两条跑道上训练30米短跑。但在跑的过程中，有两名同学在中途跑到了一起，结果一名男生的两颗门牙被撞掉一半。因为这两颗门牙是已经换过牙的，故整形手术要等到成人后才可以做。为此，家长认为校方要承担责任，而校方认为课前老师已讲了跑步要点和注意事项，是孩子自己没有遵守规则而造成的，应该责任自负。最后双方诉诸法律。

前几年，某市一所重点中学有位女同学，在进行背跃式跳高时，由于掌握要领不当，颈部严重受伤，不得不在以后几年中佩戴“颈托”才能上学听课。另一位女同学在做同一运动项目时，则因跌出垫子，抢救无效而丧失了年轻的生命。

上述事例告诉我们，无论是在体育课上，还是在课外进行体育活动，同学们都必须把严格遵守纪律和弄懂要领放在第一位。活动前，一定要保证正常的休息和营养，还要有足够的心理准备；必须认真做好预备运动，使肌腱充分放松，避免在活动中肌肉、韧带拉伤。体育课上，要听清老师的讲解，掌握动作要领和注意事项，坚持先易后难、先简后繁、逐步到位的原则。没有学过的、有一定难度和危险性的项目，切勿贸然去试；如要学习，也必须有老师在场指导、保护。学生参加体育活动时，衣服要宽松，最好穿运动鞋和平跟软底鞋，不宜穿有口袋的制服和高跟鞋、皮鞋；身上不要佩带金属徽章（如团徽）、别针、小刀和其他尖利或硬质饰品。课外锻炼时，不得攀爬篮球架等体育设施，以免倒塌，身受其害。体育教师要与医务人员密切配合，建立学生体格检查制度，对于有病与体弱的学生，必须在医生指导下才能进行适当的体育活动。

实验、操作课的安全防护

理化实验课和技工类学校的专业操作课要求学生自己动手进行实践。上课时，学生追求新知识、新技能的愿望很迫切，求知欲强，情绪兴奋。但是，他们又幼稚、好奇、爱动、自制力差，稍有疏忽，就可能酿成事故。

在实验课中，实验仪器加热之后，温度随即升高，但这种高温从外观、气味、声音上都判断不出，学生不慎用手接触就会烫伤。破碎的玻璃容器，接触时稍不小心也会造成外伤。做取氧取氢一类化学实验时，则要特别注意防止气体发生器爆炸致伤。

同学们在上实验、操作课时，普遍存在急于动手的心理，往往忽略教师的教学环节，这不仅对学习知识、技能非常不利，而且容易埋下安全隐患。所以，在动手操作之前，一定要定下心来，严肃、认真、仔细地听取教师的指导。操作中，必须严格按照规定的要求进行，特别是不能用手随意触摸、擦拭电器，不得将电线挂在铁钉上，以防触电事故。第一次上这类课时，应特别注意了解电源匹配系统，掌握仪器设备以及试剂的规格、品类、性能和使用、操作方法，切忌盲目乱动乱拧；与本次实验无关的仪器的开关旋钮，尤其不可乱动；实验中如发现仪器运作不正常或者发生其他事故，应立即切断电源、火源，停止操作，报告教师来检查处理。

课外活动中的安全防护

宁静的校园，随着一阵下课铃响开始喧腾起来了。同学们像小鸟一样飞出教室，他们三五成群，或在一起打球、跳绳、踢毽子，或在一起七嘴八舌地继续探讨着课堂上的难题；这边一群同学在为昨夜电视剧里一个细节的真实性争得面红耳赤，那边一名同学在向伙伴们展示他新得的玩意儿，并述说它的来历……而这时恰恰是护校值班老师最紧张的时候，他们必须眼观六路、耳听八方，提防着各种异常情况的出现。

学生上下楼梯如不养成良好习惯，嬉嬉闹闹，你推我搡，就可能跌得鼻青眼肿，甚至危及生命。

湖北省一所学校曾经发生不幸事故，造成 26 名学生伤亡。事情是这样的：那天下午 3 时 40 分，该校下课后，10 多个班的数

爱心小锦囊

许多学校在上下楼梯的过道上贴有明显的标志，要求学生上下楼梯靠右走。在相对拥挤的情况下，上楼梯的同学要让下楼梯的同学先走。养成了良好的习惯，就能减少安全隐患。

百名学生在1、2楼仅1米宽的楼梯上上上下下，十分拥挤。当时，1名下楼的学生鞋带脱落，当他蹲下身系鞋带时，后面的学生压下来，致使前面的学生摔倒在地，部分学生被压在下面。虽然学校老师及时组织疏散，但仍有26名学生受伤，其中5人伤势严重。后经医院抢救治疗，除1人死亡外，其余均脱离危险。

在单杠、双杠、吊环、平衡木上，如果动作不得要领，下面又没有人保护，一旦失误，跌下来的同学就有骨折、脑震荡的危险。

学校供应开水的地方常常挤满了人，这也是一个容易发生事故的处所。手里拿着一杯开水的同学，被人一撞，泼了水是小事，烫伤人可就麻烦了。

学校里越来越多的亭台楼阁、假山池塘，深得学生的喜欢，但稍不留神就会发生意外。

青少年思想不成熟，自辨、自制能力差，又好奇爱动，喜欢模仿，有些学生受西方及港台文化的影响，把江湖义气甚至流氓习气也误认为是时尚。

某中专学校刚入校的一名男同学就受到高年级的几名男生的训话：必须学会抽烟、玩牌，然后买烟“孝敬”他们，并且每个月要交80元保护费。否则，在校的“一切安全问题”责任自负。幸好此情况被学校及时发现，几名高年级学生受到了处理，才未造成恶劣后果。

某校两名初中生为一点小矛盾，趁夜自习老师不在时，来到僻静处去“讲讲清楚”。还有两名同学跟着去看热闹。结果双方话不投机，大打出手，其中一名学生因体力不支被摔在沙坑边的水泥条上，造成肋骨、锁骨两处骨折。后果是：一名学生致残，另一名学生被学校除名，那两名知情不报的学生也受到了严肃的批评。

爱心小贴板

青少年学生应该认真接受学校和家长所经常进行的社会主义道德教育，而且应该具备必要的法制观念，懂得一些与日常生活密切相关的法律常识，加强自己明辨是非的能力。同学间要互相关心帮助，团结友爱。出现了矛盾，班干部要积极主动做好工作，并及时向老师汇报，防患于未然。

集体活动中的安全防护

学校组织各种集会、节日庆典、体育竞争、益智游戏等集体活动，目的是为了全面贯彻党的教育方针，更有效地提高学生的综合素质能力，使学生在德、智、体、美、劳诸方面都得到发展。学校开展集体活动绝不能背离这个教育宗旨，并且必须把确保学生的安全和健康放在突出的位置上，予以高度重视。

浙江台州市举行的计算机应用与发展展示会上，有一批中小学生组成的气球队、铜管乐队参加助兴。气球队的同学手里都拿着五光十色的氢气球，预备放飞，谁知燃放鞭炮时，炸燃了一只气球，接着1888只氢气球连锁爆炸燃烧，广场上空一片火海，致使100多人被烧伤，58人住院治疗。

显然，这起重大恶性事故的原因之一，在于学校背离了教育宗旨，组织学生参加商务性的庆典，企图为学校“创收”，而且学校和有关方面都忽视了安全防护，结果令人痛心疾首。

开展各类有益的集体活动，从学校方面说，必须精心组织，落实各项安全防范措施。例如：过节、喜庆、集会放鞭炮，火炬接力赛，营火晚会上的燃火，文艺演出中的灯光效果，都离不开火或电源，组织此类活动要有专人管理火种、燃料和电源装置、设备，活动场地附近不得堆放易燃物品；要配备消防器材、消防人员。活动结束后，要彻底熄灭火种，防止死灰复燃。组织营火晚会、火炬接力赛类集体活动，事先应报消防部门备案；会前要清除四面通道上的各种障碍物，确保通道畅达无阻。从学生方面说，也应了解并注意上述情况，更要遵守纪律，服从指挥，进场退场要有秩序；不管发生什么情况都不要慌乱，不拥挤，不乱奔乱跑，要在老师的指挥下依次疏散，要防止在撤离现场时，因有人摔倒而造成挤压伤亡事故。

学校举办大型文艺体育活动，还可能吸引附近的不少居民来观看，校方应根据具体情况，或妥善安排他们入场就座，或把住入口谢绝观摩(但必须做好解释工作)。要有专人负责纠察，加强全校巡视，警惕小偷、流氓乘机进入教学楼、宿舍区进行犯罪活动。青少年学生应配合学校做好上述工作。

劳动、实习中的安全防护

组织学生参加一定时间的生产劳动，培养学生的劳动观念、热爱劳动人民的感情，并使学生掌握一定的劳动技能，是社会主义教育的要求之一。

组织小学生参加劳动，一般以公益劳动、自我服务、家务劳动为主，如绿化校园、打扫教室卫生、拾穗头、捉害虫、上街擦洗交通防护栏，作为志愿者进行公益活动的宣传和调查等。虽然劳动量不大，操作较简单，但对这些劳动绝不能掉以轻心。浇水要当心地湿而滑跌；拔草要注意别划破手指；下农田劳动要留心蛇咬蜂蜇；使用农具时要防止被耙齿锄柄碰割致伤；上街宣传或擦洗交通防护栏要注意来往车辆；打扫卫生，爬高落低更要防止跌伤。

为确保学生劳动、实习的安全，学校安排的劳动项目必须是无毒无害的，能够保证操作安全的。如果有的技工学校安排实习任务，难以完全符合上述条件，那应该严格采取安全措施，把对学生伤害的可能性降到最低限度。还要向学生进行思想教育、纪律教育、文明生产和安全操作规程教育;选取实际生活中人身、设备事故的典型事例教育学生,使他们懂得文明生产、安全操作的重要意义,真正做到遵章守纪,安全操作,不擅自进入危险区域,不随意动用单位的设备、设施、工具、工件和材料等。

学校还应与实习单位一起制定具体的安全措施,事先了解、分析、研究客观作业环境中存在的不安全因素,及时采取相应的措施。要实行安全生产责任制,实习生的安全操作要有指定的老师、师傅负责,在实习操作的全过程中加强检查、指导。

为确保安全,学生参加实习劳动必须做到:

(1) 端正劳动实习的态度,明确认识文明生产、安全操作的重大意义。

(2) 实习期间要安排好自己的饮食起居,注意营养,保证休息,不要过分疲劳,以旺盛的精力投入劳动生产。

(3) 上岗前要按要求穿戴好工作服、防护帽、防护鞋,留长发的女同学尤其要注意安全,必须把长发塞进帽子。因头发卷入机器轮轴等导致伤亡的事例是时有发生的。车工、锻工、焊工等工种还要戴防护眼镜。要认真检查设备的安全状态,配备有关的保健用品。

(4) 严格遵守劳动纪律,执行安全操作规程、设备保养规程,培养文明的、符合卫生要求的生产操作习惯;落实安全措施,防止失火、触电、溺水、火烫和飞屑等工伤事故的发生。

饮食的安全

在有些学校里,不仅住校生要在食堂就餐,大多数走读生也因中午不回家而在学校用餐。这么多的人在学校就餐,饮食卫生就显得更加重要了。

在某市一所中学里,中午时分。上了半天课,大家已是饥肠辘辘了。午餐有从食品厂定制的罗宋汤和肉包子,于是同学们兴致勃勃地开始享用。有几位同学刚咬了两口,就发觉肉包子有异味，马上报告老师。校领导得知后，当即通知停止食用，可是已有十几名同学食后开始出现腹痛、呕吐症状，急被送往医院治疗。老师们一面继续观察学生情况，重新安排午餐，一面与快餐公司联系，查找原因。不久查明，确是由于厂方操作不规范而导致食品变质，幸而大部分学生比较警觉，并及时汇报了老师，学校采取措施得当，才避免了更大的危害。

为确保在校的饮食安全，根据教育部门的规定，幼儿园和中小学的食堂不得承包给他人经营。作为学校师生，一方面要严把食品卫生关，另一方面还应该懂得一些卫生保健知识。

那么，如何防止学校发生食物中毒呢？

（1）为学生准备的食物，除了原料应该新鲜外，最好一次或当天食完。剩余的主副食要妥善冷藏，食用时要再加热煮透。

（2）加工食品的场所，应将生食、热食分开，防止交叉污染。餐具和加工器具应进行严格的清洗、消毒。

（3）学校采购的食品原料需妥善保存，定期检查，防止腐烂变质。不使用无标签的定型包装食品与原料。不得加工那些来源不明和无卫生许可证者所提供的食品或半成品。

（4）消灭厨房、餐厅等处的老鼠、蟑螂和苍蝇。

（5）从事食品经营销售的人员和学生要注意个人卫生，饭前便后要洗手。

另外，在校用餐和在家里不同，小伙伴多，十分热闹。吃饭时有些同学（特别是男生）好胜心较强，会进行“比赛”，比谁吃得快、谁不怕冷、不怕烫、不怕酸、不怕辣等，这都是很不可取的，有时也会造成严重后果。

学生宿舍的安全

四川省达州市公安局破获了一起特大系列入室强奸抢劫案。作案人杨某是九岭乡的农民，单身一人，长期在达州市区以帮人干杂活为生。近几年来，杨某深夜潜入学生宿舍，先后作案16次，先后强奸、抢劫了14名在校女学生，犯罪手段极其残忍。

受害学生不仅失身破财，而且其中有数名女生患上了不同程度的精神疾病，令人痛心疾首。

小张住在城郊一所中学的学生宿舍里。一天，他上完课回到宿舍，推开门一看，一下子惊呆了，满地都是衣服、书籍。一清点，发现枕头底下皮夹子里的200元钱和雷达手表没有了；其他回到宿舍的同学也发现自己丢失了东西。这是由于大家去上课时没有随手锁门，让小偷钻了空子。

学生宿舍最常见的不安全问题就是财物失窃。作案人惯用的手法是：① 利用宿舍无人、门窗不关，“顺手牵羊”，溜进室内行窃或者爬窗入室作案。② 利用门窗不坚固，敲门扭锁入内盗窃。这些盗窃案件的“多发期”是：开学后不久，放假前夕，天热期间或晚自习时。要防止学生宿舍被盗窃，住宿的学生就必须养成不怕麻烦随手锁门关窗的习惯。门窗如不牢固，应及时采取加固措施；门锁钥匙得管好，一旦遗失，就应及时换锁。而且，不在学生宿舍留宿底细不清、不可靠的他人；发现陌生人在宿舍附近徘徊，应主动盘问，疑点大的要向学校保卫部门报告。特别是在多发案的时期，要格外警惕。如果学生宿舍发生盗窃案件，要保护好现场，并及时向公安保卫部门报案，积极提供线索，协助警方破案。

某校学生集体宿舍，每间20平方米的面积，放四张双层床，住8名学生。夏天，每个宿舍都装有一只大叶吊扇。一天中午，睡在215室上铺的许浩午睡后起床穿衣，手刚伸出，“啪”的一声，吊扇将他打倒在墙边。同学们立即把他送进医院，经诊断为左臂骨折。

爱心小锦囊

晚上是案件多发的时候，住校的学生要特别注意安全。睡觉后，必须关锁好门窗，发现疑情要相互提醒，遇到坏人，要团结斗争，不让歹徒作案得逞。

学校在宿舍里为住校生安装了各种设备后，要注意保养，并向学生讲授安全使用的方法。例如，在北方未装暖气的宿舍里，冬天往往用火炉取暖，事先要检修炉具，留好通风口，谨防火灾和煤气中毒；双人床的上层，一定要安装安全栏板，防止睡上铺的学生不慎跌下床来；等等。

爱心小贴板

学生要自觉地遵守宿舍管理制度，如不往走道上乱倒污水、乱丢瓜皮果壳，以防同学行走时滑倒摔伤；窗台上放置东西，要预防下滑掉落；不在室内外乱接电线，使用电炉、电热毯、"热得快"等。为了集体的安全，对别人违章的危险行为，也要敢于及时制止。

防止同学间的矛盾激化

学生一跨进学校，老师就教育他们要热爱自己的学校，热爱自己的班级，同学间应互相谦让、和睦相处，要维护集体的团结。然而各个家庭的宠儿聚在一起学习、生活、游戏，有时出点差错，发生一些小纠纷也在所难免。由于学校不断强化德育教育，通过批评和自我批评，在纪律的约束和正确观念的引导下，学生之间存在的矛盾一般都能很快得到解决，并且使各方都从中受到教育。但是，如果对这些小纠纷不在意，不及时进行正确处理，一旦矛盾激化，也可能产生严重后果。

某校初二年级学生孙平，把他哥哥新买的一盘录音带借给了同班同学徐江，原讲好三天后归还，可一星期过去了，孙平催了又催，徐江总是赖着不还。徐江也有说不出的苦，他酷爱流行歌曲，可爸爸妈妈不允许他玩音响，说是怕影响他的学习。那天一放学，趁父母还未下班，他想抓紧时间享享耳福，不料录音机出故障卡了壳，好端端的一盘带子报废了。他不是真赖，而是想拖一阵子，等攒够了钱再赔；直说吧，又怕孙平知道带子坏了生气。孙平不知徐江有难言之隐,催得更紧了,因为哥哥约了朋友明天在家聚会,等带子用,他也不好交代。这样,他终于和徐江翻了脸,一下把徐江推到墙上,鼻子撞出了血,额头也撞伤了,隆起一个包。徐江不服,就约了几个人去打孙平。事情越闹越大,这次的结果是孙平左臂脱臼进了医院,徐江找来的打手被拘留6天,并受到留校察看处分;徐江、孙平也受到校纪处分。事后他俩都后悔地说,为了一盘录音带,真不值!老师说,如果当初双方坦诚相待,都宽容大度,绝不会产生这样的结果。

在学校里还有一种常见的矛盾,就是师生矛盾。教师教育学生,必须晓之以理,动之以情,要注重方法;讥讽,训斥,动辄向家长告状,会使学生产生逆反心理。学生们为逃避家长的责打,有时会离家出走,这样不但使矛盾激化,还会使矛盾复杂化。还有个别学校对学生实行罚款制度,迟到、早退、旷课、考试作弊、打架、斗殴和损坏公物等均在罚款之列。在有些学校的实习工厂、实习商场里,实习虽然不享受工资、资金待遇,可是违反了有关规章制度也同样要罚款。学生手头没钱,只好用平时的零花钱、饭钱交罚款或者向家长撒谎要钱交罚款,还有的甚至想着法儿到外面去"找"钱,结交一些坏朋友,最终走上犯罪道路。可见,对学生以罚代教,不但达不到教育的目的,反而会产生不良后果。对于品行上有缺点、学习上有困难的学生,老师、班团干部和其他同学都应当耐心教育、帮助他,应尊重有缺点甚至犯错误的同学的人格,还应保护他们的隐私。老师更不能对学生实施体罚或变相体罚。只有这样,才能保证学生在学校教育的正确引导下,健康地成长。

有的学生活泼、聪颖,学习又好,在家时父母疼爱,邻居夸奖,在校时老师喜欢,同学尊重。他们听惯了表扬、赞赏的话,平时就受不了半点委屈和责备,甚至正常教育范围内的批评也听不进去。

北京某重点中学的一位学生,因与几名同学背后议论别人,受到老师批评,晚上到家中又受到家长的责问,当夜竟写了一份遗书，割腕自杀。后来发现自己未死，清晨又从六层楼上房间的窗口跳下，幸而未受致命伤并且当即被人发现，送医院抢救后脱险。

爱心小贴板

青少年特别是那些一向处于顺境的学生，应该认识到人生不可能总是一帆风顺的，人也不可能一辈子不出差错。感情脆弱、受不起挫折、听不进批评是酿成悲剧的根由。青少年要学会正确运用批评和自我批评的武器，客观地面对自己，不断地完善自己，有意识地培养自己的心理承受能力。

防范校园内的暴力行为

校园暴力一直是学校内较为普遍存在的现象。校园暴力的表现形式多种多样，并且随着周围的环境不同而变化。

面对不同形式的校园暴力，我们应当首先认识到自己遭受了校园暴力，然后再针对不同的校园暴力形式，采取相应的解决办法。

强行向你索要钱财，如果你不给，就会被威胁甚至挨打。这是表现较多的一种校园暴力行为。

王明是某市初中一年级的学生，由于性格胆小怕事，常常遭受高年级同学的欺负。王明在高年级同学的威吓下，不敢告诉老师和父母自己受欺负的事实，一直都忍气吞声。

一个星期五的下午，王明放学后回家，在行至学校教学楼后面时，那群高年级的同学又一次围过来，让王明给点钱花花。一群人围着他，有的嘴里骂骂咧咧，有的对王明动手动脚，有的拉扯翻动王明的书包。王明势单力薄，没有办法反抗，只得又一次将仅有的一点零花钱交给了他们。但是，这次王明聪明地记住了他们相互之间的称呼和名字。第二天，王明找到了老师，将事情原原本本地告诉了老师，并将长期以来自己如何遭受欺辱的经过也一五一十地告诉了老师。

在老师的帮助下，欺负王明的几个高年级同学受到了老师的教育和学校的处分，再遇到王明的时候，他们也不敢恣意妄为了。

这个事例告诉我们，当在学校遭遇相同或者类似的情况时，一定不要逞英雄跟对方硬拼，要采取迂回策略，适当地迁就对方。同时，谨慎地记住对方的情况，待自身的处境较为安全之后，再设法将整个事件的经过报告老师或学校，彻底根除学校这些不良势力。

爱心小贴板

如果遇到十分强势的不良学生，学校的妥善处理更为重要，学校与家庭以及学生本人必须及时进行沟通，确保不良学生的危害被彻底根除，给同学们营造一个良好的学习环境。作为学生，遇到这类事件时一定要谨记："小不忍则乱大谋，谨慎处理保平安。"

情绪冲动，为了一点很小的事情就大打出手。这是校园暴力的又一种表现形式。

中小学阶段的学生正处于青春期，精力充沛、叛逆心理强、可塑性强、情绪较易冲动，容易为了一点点小事就诉诸暴力。例如，自己想调换一下位置却遭到同学的阻拦，或一句话不遂自己的心愿，为了追求所谓的"面子"，不在同学面前"丢脸"，于是强势要求占据上风，非要按自己的意愿行事不可；遇到阻力，强势排除，哪怕大打出手也在所不惜。而这些都不是处理事件的应有方法。凡事退一步、让一步，和平解决纠纷是最好的办法，商量不成，再寻求老师的帮助，时刻记住：老师和学校是学生解决问题的支柱。

2008 年 12 月某日，广东省韶关市某校发生一宗校园暴力案件。10多名作案人均为未成年少男少女，他们对另一名少女拳打脚踢，强行扒下该少女的裤子，还掏出手机拍下施暴与受辱的照片与视频。据一名施暴女生称，施暴的原因仅是因为被辱少女在外面说其坏话。

怀疑同学说其坏话，就纠集人群对其实施暴力，这是在同学中间时常发生的事情。学生处于向成人阶段过渡的时期，喜欢追求成人化的事物，喜好“面子”，喜欢模仿成人的做事方式。然而，过度追求成人的生活并企图得到周围同学的承认，在某些时候会造成“无法下台”的尴尬局面。认为别的同学在背后说自己坏话，不采取开诚布公进行交流的方法，而倾向于诉诸暴力，显示自己所为的“力量”和“背景”，尤其是与校外不良人员有接触的学生，更容易走向使用暴力的途径，这都是很危险的。

学生干部“以暴制暴”，付出了沉重的代价，教训也非常深刻。

小泉是一所学校的中学生，他学习成绩不好，经常无事生非，欺负比他弱小的同学，没钱用的时候就威胁或者殴打低年级的学生“借钱”，成了全校闻名的“校园霸凌”，虽经学校领导、班主任、老师多次教育、训斥，但收效甚微。学生们见他就躲，怕惹祸上身。

同年级的学生晓健是学生干部，平时对小泉的恶习看不顺眼，也知道很多同学都对小泉很反感。2010年11月，晓健在食堂吃午饭，看见小泉强行夺走一位女生碗中的鸡腿，女生吓得流泪。晓健走到小泉身边说：“你把鸡腿还给人家！”小泉毫不理会，只顾吃鸡腿。晓健身体健壮，一把揪起小泉的头发，挥拳打了两下。小泉被打得捂眼倒地不起，送医院急救。经CT扫描后，发现小泉左眼内侧壁骨折。

晓健在法庭上对自己的行为辩解：“学校总是倡导学雷锋，我是为了帮助别人才教训小泉的，只是下手重了一点。”鉴于晓健平时在校表现良好，且获得小泉的谅解，法院以故意伤害罪判处晓健有期徒刑7个月，缓刑1年。

办案法官介绍，小泉固然有过错，但晓健出手打人超出了“学雷锋”的范围，以暴制暴要承担法律责任！她建议，各中小学校应开设法制教育课，加强对学生行为的正面引导。

遇到麻烦怎么办？我们应当向老师汇报，由老师作为中间人进行沟通，化解相互之间可能存在的误会和矛盾，避免出现暴力解决问题的现象。

无故欺压甚至虐待同学，追求“权威人格”，这是校园暴力的第三种表现形式。

在学校中常常会有这样一些同学，他们总是以“老大”自居，总是让别的同学为其做事，在遭遇别的同学的拒绝或者反抗的时候，采取殴打等方法来“修理”那些他认为“不听话”的同学。他常常不是一个人，旁边可能存在着“一伙人”，这伙人可能会模仿着影视作品中黑社会的叫法，称其为“老大”或者“大哥”。不论是否是自愿地加入到这样一个所谓的“组织”中，他们都会唯所谓的“老大”马首是瞻，视其为“权威”“首领”。

在国内的电影、电视中以及国外引进的校园类的影片中，我们常常看到这样的“组织型”或者“团伙型”的小帮派，他们在学校中“赫赫有名”，普通的同学往往会惧怕他们，其原因就在于众人的暴力行为。于是，周围的同学们就无奈地忍受着这些小团体的欺压甚至虐待。近年来，同学之间经常发生一些虐待事件，场面和手段并不比影视作品中描述的轻微或者缺乏创造力和想象力。相反，有过之而无不及。

这样的“欺压群体”或者“权威群体”的存在，通常都是追求“权威人格”的体现。他们欺负同学，强行索要财物，强行对男同学进行打骂，对女同学进行猥亵等。鉴于害怕被报复的担忧，被欺负的同学往往会长时间不敢告诉老师和家长。

面对上述这些小团体的欺压时，要智慧与力量并用，积极运用自己可利用的条件，保护自己的人身安全和财物安全。同时，要积极地配合学校和老师，对这类小团体进行清理，为自己和其他同学的学习、生活提供良好安全的环境。当然，在学校和老师无法提供有效帮助的情况下，同学们一定要积极与自己的父母进行沟通，不要因为惧怕，而让那些欺压自己的学生一直“骑在自己和同学的头上作威作福”，不要惧怕这样的自我保护会带来更多的欺压甚至是暴力报复。只有积极与这样的行为作斗争，才可以得到一个安全、宁静的环境。

爱心小贴板

青少年朋友应当记住：校园不良组织并不可怕，他们也是学生，他们也没有超人的力量，他们也在学校、老师和父母的监护之下。所以，同学们要向老师、学校和父母进行举报，通过这样的方法解决问题，不能依靠忍受的方法长期纵容这样的情况出现，要给自己的学习创造一个良好的空间。

同学们在遭遇到自己无法承受和无法解决的问题时，尤其是出现了被欺负、虐待的遭遇时，一定要及时告知老师、学校和父母，寻求到最及时、有效的解决办法。在这些救助途径暂时无法获得的情况下，可以拨打报警电话求助于警察。切不可忍气吞声、委曲求全，以致招来更大的不幸。

山西省吕梁市方山县一所学校的3名女同学就是如此。现将媒体的报导转载如下：“正值花季的少男少女，原本应该与健康、阳光、向上这些充满朝气的美好字眼连在一起。然而，在山西省吕梁市方山县，5名十五六岁的男同学竟在教室里邪笑着扑向同班三名女生。在不到一星期的时间里，他们对女生猥亵十余次，致使两名女生不堪羞辱辍学离校，一名女生患上了严重的精神疾病。”事件发生后，当地派出所给予5人行政拘留处罚，却又因不满16周岁而不予执行，校方给予受害者15000元治疗费。

在第一次遭到男生猥亵后，3位女生如果及时报告老师、家长或者公安机关，后来就不会再发生同样的猥亵事件。当然，这仅是处置方法不当而已，问题的根本在于男生的违法行为。

同学间为了讲所谓的“义气”或者“面子”，互相争吵甚至打架，以暴力手段解决问题，这是校园暴力的第五种表现形式。

现实生活中，有的人为了救朋友于危难之中，维护自己和朋友的“面子”挺身而出，多采取暴力手段为朋友“伸张正义”“报仇”等。在以往的校园中，这些现象通常发生在男生之间。然而，现在女生也越来越多地参与到了这样的事件当中，甚至在不少的类似事件中，女生成为了“主谋”，而男生仅仅是“帮手”。这种不理智的做法，应当努力避免。暴力冲突的最后，受害的不仅仅是被施以暴力的一方，同时也是实施暴力的一方。

15 岁的玲玲身上有数百个已经结痂和快要结痂的针眼，是被同桌等同学扎的。2010 年 6 月 1 日，她又被 10 多个男生围殴，住院治疗两个多月。

数百个针眼，痛的不只是玲玲，每个怀有良知和正义感的人都会揪心。同窗谊，手足情。同是孩子，对待朝夕相处的同学咋就能下得了如此狠手？

作为学生，应当时刻铭记这一点，我们到学校的目的是学习。不仅要学习书本上的知识，还要学习如何处理与同学之间的关系识。我们应当确立积极抵制暴力的思想，努力地向那些合理处理同学之间关系的模范个体学习。尽管处在这个年龄的人，大多不愿意听取别人的意见和建议，但是我们不能随波逐流，应当适当地控制自己的情绪，尽量避免与同学产生冲突。如果彼此有了意见，应采取谈心、沟通的方法解决问题，多站在他人的立场思考问题，设身处地地体会别人的感受，锻炼自己在处理事情上的成熟度，培育自己的情商。

学校的安全责任

学校是加强国民教育、提高民族素质的重要基地，能否为就读学生创造文明、安全的校园环境，直接影响着师生的心理状态、教学秩序和学校风气。学生在校受到伤害，学校不可能没有责任，加强安全防范教育，落实安全防护措施，是学校管理工作的一个重要方面，也是全面完成教育任务的保证。

如果学校不能很好地履行安全责任,有下列情形之一造成学生伤害事故的,学校应当承担相应的法律责任。① 学校的安全管理制度有明显疏漏或者管理混乱,存在重大安全隐患的。② 学校的教育教学和生活设施、设备等不符合国家、地方的安全、卫生标准的。③ 学校组织教育教学活动,未对学生进行必要的安全教育或者未采取必要的安全防护措施的。④ 学校组织的实习、劳动、体育运动等活动,违反了有关规定或者超出学生一般生理承受能力的。⑤ 学校向学生提供、推荐的药品、食品、饮用水以及玩具、文具、体育器械等物品不符合国家、地方的安全、卫生标准的。⑥ 学校教职员工对学生进行侮辱、殴打、体罚或者变相体罚的。⑦ 学校教职员工未履行工作职责、擅离职守或者违反工作要求、操作规程的。⑧ 学校知道或者应当知道学生的特异体质、特殊疾病,但未给予必要注意或者照顾的。⑨ 学生在教育教学活动期间或学校负有管理责任的范围内突发疾病或者受到伤害,学校未及时采取措施,导致后果加重的。⑩ 学校知道学生在教育教学活动期间或者学校负有管理责任的范围内的行为具有危险性,但未进行事前教育和及时制止的。⑪ 学校发现或者知道学生有未到校或者擅自离校等与学生人身安全直接相关的情形,但未及时告知其父母或其他监护人并采取相应措施的。⑫ 学校安排学生乘坐的交通工具不符合国家规定的技术标准,驾驶人员不符合国家规定的条件的。⑬ 学校的教职员工中有不适宜从事教育教学及辅助工作的疾病,但未采取必要的措施的。⑭ 法律法规规定应当由学校承担法律责任的其他情形。

家长(监护人)的安全责任

“子不教,父之过”,这是中国的古训。作为父母,负有抚养、教育未成年的义务和法律责任。父母对未成年人的教育内容,应该是多方面的。既要有文化知识,还要有法律知识、安全知识,促使未成年人健康成长。否则,会造成不良后果。

2012年3月12日，苏州市吴中区人民法院开庭审理17岁的李方盗窃一案。当地报纸对此报道的标题是：17年，父子首次聊天竟在法庭。

报道称，2009年至2012年1月，李方盗窃作案数10次，先后被处以行政拘留5次、拘役和劳动教养各一次。解除劳动教养不到一个月时间，李方又多次盗窃被依法逮捕。法院审理情况表明，李方堕落成为"盗窃癖"，屡教屡犯，不能自拔，与其父母放任不管相关。李方在法庭上说："到现在，想到最高兴的是和爸爸妈妈一起过生日。"那是李方小时候的事情。在父母离异之后的近10年里，李方没有得到父母应有的关怀和教育，渐渐地走上了邪道。李方说，2009年奶奶去世后，身边似乎不再有人看着自己，父亲不是出去上班便是打麻将。自己一犯错，就受到一顿大骂。父亲从来没有认认真真地坐下来和他聊过天。他找到妈妈，发现没有什么话可说。当然，李方的父亲也不是一点不过问儿子的事。他对儿子盗窃行为恨之入骨，曾把李方的大腿打破，甚至一度把儿子锁在家中。简单粗暴的教训和长期不加教育，以致李方在盗窃的路上越走越远，锒铛入狱。

学生的父母或者其他监护人应当履行监护职责，加强对学生的安全教育，配合学校做好学生的教育、管理和保护工作。有特异体质或者特殊疾病的学生，其父母或者其他监护人应当及时告知学校并向学校提供二级以上医疗机构关于疾病的书面证明。

因下列情形之一造成的学生伤害事故，学生或者其父母、其他监护人应当承担相应的法律责任。① 学生违反法律法规，违反社会公共行为准则，学校的规章制度、纪律，实施了按其年龄、认知能力应当知道具有危险或者可能危及他人人身安全的行为的；② 学生行为具有危险性，学校已经告诫、制止，但学生不听劝阻、拒不改正的；③ 明知学生有特异体质、特殊疾病，但未告知学校的；④ 学生的身体状况、行为、情绪等有异常情况，父母或者其他监护人知道但未履行相应监护职责的；等等。

人际交往中的安全防护

生活在社会大家庭中的每一个人，都需要与他人交往。相对而言，青少年学生平时的交际活动要比成年人单纯一些。但是，由于青少年学生年轻幼稚，缺乏社会经验和辨别是非的能力，在与他人交往中容易出现人身与财物的不安全问题。

从青少年学生交往的对象来看，除了老师、同学之外，还有在校外结识的熟人、朋友。另外，学生在外出办事、购物、游览等活动中，也要与陌生人交往。不管与什么人交往，不管采取什么方式交往，青少年学生都有必要注意自我保护。

"洁身自好"防诡计

社会的复杂，首先表现为人际关系的复杂。青少年学生在与人交往的时候，首先要小心谨慎，"洁身自好"——自己为人正派，与人为善，同时又要能明辨是非，不受邪恶行为的影响。特别在对方施以恩惠时，必须保持头脑清醒。

钱明是初三年级的学生，嘴巴比较馋。一天下午在放学回家的路上，他碰到两个似乎面熟的青年人，被他们拦下车来，带进了旁边一家个体饭店。两个青年人花言巧语与钱明套近乎。

酒足饭饱之后,他们就借口上厕所溜之大吉。钱明在久等不见人的情况下打算起身回家,饭店老板却拉住他结账。小钱说不清他是被两个什么样的人“请”进来吃饭的,无可奈何,只得把手上一只手表摘下来押给老板,次日让父母来结算饭钱。后来这两个青年人被公安机关抓获。原来,他们是半年多前的刑满释放人员,与个体饭店相勾结,狼狈为奸,采取这种手法,曾先后让10多名学生上当受骗。

与钱明相比,女学生小方更惨了。小方爱打扮,但家庭经济条件不好,无法满足她的要求。离她家不远的一家个体户的小老板发现这一情况后,常常“接济”她,少则三五元,多则几十元。小方开始不大肯收,但经不起金钱的诱惑,最终还是落入了圈套。她每拿一次钱,都记下一笔账,心里总是想,以后工作赚了钱还给小老板。时间一晃过去5个多月。一天下午小方放学比较早,走过小老板的商店门口时被叫住了。跟往常不同的是,这次小老板把她叫进了店里边的一间小房内,而且塞给她的钱更多。小方感到难为情,推辞不收。小老板马上脸色一变:“你不要可以,那就把过去的钱统统还给我好了。”这可把小方难住了,只得把对方的钱又收了下来,小老板得意洋洋地笑了。接着,他不顾小方的竭力反抗,肆无忌惮地强暴了她。直到这时候,小方才看清了小老板的狰狞面目。

钱明的例子比较单纯——交往不慎;小方的例子比较复杂——起因是爱美,后发展到有点“爱钱”了。须知,艰苦朴素是中华民族的优良传统,有了钱不能挥霍浪费,没有钱生活更要俭朴,特别是不能有虚荣心。我们不反对家庭条件好的学生穿戴得漂亮一点,但是作为学生,在衣着打扮上,不应该有过高的追求。小方的教训值得大家认真汲取。

现在,有些高年级学生利用业余时间打工挣钱。应该说,在不影响学业的前提下,依靠自己的劳动收入减轻家庭的经济负担,改善学习、生活条件,这是好事。但是,学生打工应该有所选择,不能到歌舞厅、咖啡厅、卡拉OK厅和游戏机房等人员复杂的娱乐场所去打工。

我国法律规定,未成年人不得进入歌舞厅、卡拉 OK 厅和游戏机房。其原因就是这些公共娱乐场所治安情况复杂,而且那些娱乐活动不利于未成年人健康成长;即使一些已经成年的高中学生,也往往因涉世不深,在复杂的环境中缺乏免疫能力而受到不良影响,甚至被人利用,惹出灾祸。

谨防五花八门的骗术

骗子是十分狡猾的,骗术是形形色色的。除了前面谈到过歹徒冒充记者上门行骗的例子,外边行骗的方式还有"招生""招工""招演员""办艺术展览""书法作文评奖""邮寄高考复习资料""帮助治病"甚至"提供出国读书经济担保"等,五花八门,不一而足。这些不法之徒,都是利用"人往高处走"的心理来引诱他人特别是青少年上当的。

安徽省南陵县农民梁某、汪某窜到上海一家旅社,以"风光书法艺术中心函授部"的名义,草拟"招生启事",并盖上私刻的公章。"启事"在《××报》上刊出后,骗取了全国各地汇来的参加硬笔书法及毛笔书法班的学费 4800 多元。

几个河南人跑到某市,租用一户居民家的房子,开办了一个"中学学习资料编辑部",到处发函寄信,征订"春季各科试卷",谎称这些"试卷"是组织某市三大名牌大学专家、教授编定的,反映了当今考试的最高水平和最新命题趋向。上当者为数甚多。

上面这些诈骗术,今后还可能出现,希望广大学生高度警惕,不要见到广告、信函或大红"公章"就信以为真,马上汇款报名、买资料。应当先看一下广告登在什么样的报纸上,出版物上有没有书号(ISBN)、刊号(ISSN),即使有书刊号,还应看看编校印刷质量是不是粗制滥造,信函上的邮戳与发信地址是否相符;再分析研究一下内容的真实性和可靠性;还要注意收款的是个人还是单位。对于那些登在小报上的、邮戳与发信地不一致的、内容夸大的、汇款寄给个人的广告、信函,一律不予理睬。如果你对它感兴趣，真想报名、购物的话，也应该与老师、家长商量一下再作决定。否则，一旦受骗，汇出去的款子是收不回来的。

在招生诈骗中，除了通过广告形式外，还有面对面行骗的。

初中生赵琪出了300元钱，报名参加一个电脑班学习。讲好一人一机，为期3个月，包教包会。可是开始学习后，却是7人合用一台电脑，学了两个月，电脑和老师均不见了，气得家长投书报社，呼吁揭露、取缔这种坑人骗钱的电脑班。

现在，开设业余学习班，教学各种专业知识的趋势有增无减，希望大家报名时仔细了解一下主办单位是哪一家，可靠性怎么样。饥不择食就容易上当。

冒充警官招生行骗，更易引人上钩。因为在一般人的观念中，认为警察总不会是假的。其实不然，曾有5个假警官连续两年以招生为名，骗得3万多元现金，这是《法制日报》披露的一个案例。

此事发生在河南境内。先是这5个骗子打着某政法干校的幌子，谎称招生，骗取了6名学生近万元钱。他们又在某市设立“招生办”，购买了警服、警衔，刻制了公章、钢印，伪造了招生简章，以“转户口，包分配，当警官”为诱饵，在一个多月内使17人上当，骗取2万多元。

对于利用警校招生行骗的伎俩，识别的方法很简单，只要查问一下当地公安派出所便可辨别。因为公安学校到任何地方去招收学生，都必须通过当地公安派出所帮助开展工作。而且，我国招收警校学生是很严格的，绝不可能只要交钱就能入学。问题的关键是警校太吸引人了，特别对那些高考落榜的学生来说，一听到这种消息，就生怕坐失良机，根本想不到考虑是真是假。再加上骗子穿了警服，欺骗性就更大了。过去、现在以至今后，假警察总会有的，冒充警察的犯罪分子还会利用人们对警察的高度信赖以售其奸，广大青少年学生万万不可被其表面假象所迷惑。

打着招工（介绍工作）的幌子进行诈骗，是当今社会上比较流行的一种骗术。还有一些打出的是“职业介绍所”的招牌,更加具有欺骗性。

现在的职业介绍所既有政府办的,也有民间办的,还有无合法证照的“黑中介”。这些“黑中介”和有些民间办的职业介绍所,往往是为了赚钱而设立的,并不对报名者负责。他们只是和某家单位有些联系便打这个单位的旗号,以介绍工作为幌子,捞取钱财。所以,当你对正在招工的职业介绍所的性质不清楚时,就应该到当地劳动行政部门去了解一下,如是非法的“黑中介”或者信誉不好的民办职业介绍所,就不要去报名交费,免受其害。有些单位在向社会招工时,在招工条件中明确规定必须交纳多少钱,这就有可能是以招工名义骗钱的,因为国家劳动部规定:“用人单位不得在招工条件中规定个人缴费内容。”

借招收演员之名,行骗钱骗奸之实,这是某些骗子惯用的又一种手法。有些电影、电视在拍摄过程中,确实需要物色个别演员或临时招收数量有限的配角演员和群众演员,在这种情况下,报名竞争者往往很多。于是,别有用心者便设法骗取那些一心想上银幕、上荧屏的青少年的钱财,甚至乘机侮辱女青年。这种骗子,有些是文艺界的败类,他们的身份不假,行为则卑鄙污浊,欺骗性特别大。

看病也要防骗。《法制日报》曾在“警惕假医行骗”的标题下,揭露过游医骗人钱财、害人性命的种种卑劣行径。文章指出,游医大都不懂得医术,有的只不过是江湖郎中,却冒称专家,到处贴广告,坑害百姓,蒙骗患者。更使人惊奇的是,正式的医院里也有人行骗。哈尔滨就发生过假教授在真医院“坐堂行医”的骗局。

曹某并无行医执照,竟冒充北京来的“教授”,先后在市口腔医院、电表厂职工医院“租赁”诊室对外开诊,每隔一周换一个地方。他雇人专拉病人来就诊。在他手中出售的药,几小包就收费400至600元,而这些药不过是用普通中药片捣成的粉末,吃不好也吃不坏。短短三个月间,共骗了100多名病人的8万多元钱。

所以，青少年学生不仅不可相信游医，而且去医院看病也应通过挂号就诊的正常途径就医，不能轻信他人的花言巧语。

迷信活动害人不浅

迷信与科学背道而驰，是麻醉人们的精神鸦片。但是，无论农村还是城镇、风景旅游区或是街头巷尾，迷信活动和迷信宣传近来都呈蔓延之势。马路上常能看到三五成群的人围着算命先生算命，有的书店里还出售“看手相”“推星座”“看风水”“演周易”之类反科学的非法出版物。

人们都希望预知自己的未来，还希望自己做的事情能得到外力的积极帮助，迷信活动利用的便是这种心理，青少年同学之间有时玩玩“扑克算命”“看手相”，也是上述心理的反映。“玩”而不“信”算不得“迷信活动”。有的同学怕考试成绩不好，竟去求神问卜；生病、出门也要翻老皇历、查吉凶，那就是真正的迷信行为了。

青少年中存在某些迷信思想和行为，多是在人际交往中受成年人（有时包括自己的父母、亲戚）以及社会上的落后、愚昧思想影响的结果。青少年应提高辨别迷信和科学的能力，自觉抵制各种迷信活动。关键在于必须坚信科学，用科学武装自己的头脑。

青少年朋友在人际交往中抵制、反对迷信观念和迷信活动时，必须注意分清正常的宗教活动和迷信活动的区别。宗教信仰自由是写进我国宪法的公民权利，必须予以保证和维护。宪法规

爱心小锦囊

正常的宗教活动和骗人的迷信活动的主要区别是：后者以骗财、坑人为目的，以致有意触犯法律。

定，任何人不得利用宗教进行破坏社会秩序、损害公民健康、妨碍国家教育制度的活动。另外，无神论者也有宣传科学的自由。我们绝不能干预正常的宗教活动，但这并不妨碍我们宣传科学。

结交朋友须谨慎

喜爱结交朋友是青少年的一个共同特点。这有助于拓宽生活空间，也有益于交往中互相学习、互相帮助、取长补短、增进友谊。可是，万一不慎，与思想品德不好的人结为朋友，则会身受其害，到那时就后悔莫及了。

高一学生A的父亲是上海的一个业余围棋高手，家中藏有许多围棋古谱和珍贵的围棋。一有空，父亲就在家里独自摆弄围棋或者阅读棋书。生活在这样的环境里，A自然深受父亲的熏陶，从小就是一个围棋迷。进入中学之后，他更是以棋会友，校内、校外结交了不少“围棋兄弟”。想不到，恰恰是一个校外结交的棋友B把他“斩了一刀”。

这天，秋高气爽，学校放假。A在外出途中遇见B，由于久未“手谈”（即下棋），彼此显得十分亲热。B于是邀A去某茶室玩一盘棋，过把瘾。A欣然前往。围棋盘刚摆好，B就说：“阿拉加点‘浇头’，刺激刺激怎么样？”“什么‘浇头’？”A不解地问。B哈哈大笑：“‘浇头’就是票子。加上‘浇头’那才有劲，包你高招多，昏招、漏算少，进步快。”A边摇头边说：“不行、不行，我没有钱。”“不要紧，说不定我输呢！”B话头一转说，“这样，我输了付给你钱，你输了我不要你钱，好吗？”A被他“将”了这么一“军”，觉得不便推辞，只好答应。一局结束，B输了，他果然“信守诺言”，一边付“浇头”一边连连称赞A这盘棋下得好：“真是士别三日，便当刮目相看哪。不过，要没有票子刺激，你恐怕不会这样认真的，是吗？”A不肯收钱，B执意要付，硬把20元钱塞给了A。临别时，B约定A下星期天在老地方再较量一番。A虽然不大情愿，但转念一想，赢了钱就不来，对方不是会误会吗！只好勉强应允。

到了下一个星期天，A 不但输掉了身上的 50 元，而且连手表也作价抵给了 B。其实，前一次 B 是用“引诱法”，先“放一马”让 A 尝尝甜头，然后再叫 A 吃苦头。

类似的例子为数不少，那么，怎样防止自己在交友过程中误中坏人圈套或不辨良莠呢？关键是在初次交往时，要注意听其言、观其行，认真识别对方道德品质的好坏。如果觉得对方人品不端，那就不妨“敬而远之”，避免继续往来；即使不得不往来，由于有了警觉，也就不至于发展为“深交”了。倘若认不准对方情况，则可以从侧面继续了解。一般来说，同班、同级的同学和经常来往的近邻，互相都很熟悉，只要自己有端正的伦理道德标准，明确是非观念，在上述伙伴中择友，通常是不会选错的。青少年学生应该特别注意的是，交友的范围不宜随便扩大到社会上去。有一句古训是值得牢记的：“近朱者赤，近墨者黑。”

开玩笑要讲文明

喜欢开玩笑，对哄闹也颇为热衷，这是青少年学生的又一个特点。在正常情况下，同学之间开开玩笑，可以调剂精神，增添欢乐气氛。但是，如果开玩笑的方法不当、内容不妥、语言不文明或者不分对象、不分场合任意取闹，就会适得其反，甚至会产生“破财”伤身的严重后果。

小荣从小就是个“瘌痢头”，心里一直为此十分苦闷，所以他一年四季都戴帽子。大多数同学对小荣都很同情，但有两个调皮同学例外。他们背后给小荣起了个绰号“电灯泡”。星期日，学校组织同学看电影。小荣因故晚到了一会儿。“调皮鬼”小王见他姗姗来迟，笑着对另一个同学说：“你看，‘电灯泡’来了。”这话让小荣听见了，心里直冒火。他走上前去对准小王脸上就是狠狠一拳。顿时，小王血流满面，鼻梁骨折。此事在同学中间引起很大反响。大家认为，小荣打人固然不对，但小王拿人家生理上的缺陷取笑，则是一种不道德、不文明的行为。

采用“恶作剧”的方式开玩笑也不可取。比如：将小毛虫放到胆小的同学头上或者衣领内；把小老鼠藏在同学书包内或者装在盒子里“送人”；自己躲在隐蔽处，待同学路过时突然大叫一声……这些“恶作剧”，往往使得胆小的同学因受惊吓而昏厥致病，严重的还可能导致受惊者死亡。

盛夏某日，初中学生王平与丁天明在河中嬉水玩耍。开始的时候，相互泼水。个子矮小的王平玩不过人高马大的丁天明，于是提出比赛“闷水”，结果还是王平气短而告失败。丁天明见状，上前一把将王平的头按在水中，笑呵呵地说：“再闷五分钟，你就赢了。”哪里想到，王平就此断送了性命。

这些血的教训告诫我们，开玩笑可不能不讲安全呀！

不轻易到别人家里去

同学之间相互来往，你到我家来玩玩，我到你家去做作业，这是常有的事。可是，在现实生活中，却发生过有的学生到同学或者他人家去，遭到主人家的宠物（如狗、猫）伤害，甚至遭到主人侮辱、杀害的事情。我们提醒广大青少年不要轻易到别人家里去，这不仅是为了自身安全，也是讲文明礼貌的一种表现。至于纯粹从安全考虑，那么有六种人的家是特别不应该去的：① 陌生人；② 初结识者；③ 思想品德不好的人（包括同学）；④ 曾经被公安机关打击处理过而现实表现不好的人；⑤ 单身汉或单身在家者；⑥ 养有狗、猫等宠物的人。

青少年切勿早恋

家长和学校应当创造条件，鼓励青少年男女之间开展正常的交往，以打破对异性的神秘感，增进相互之间的了解。但是，青少年之间的早恋行为却是有害无益的。

早恋是指未成年男女建立恋爱关系的行为。我国婚姻法规定：“结婚年龄，男不得早于 22 周岁，女不得早于 20 周岁。晚婚晚育应予鼓励。”从法律规定来看，如果早恋的时间比法定的结婚年龄早得多（比如说从十八岁甚至更早就开始），那么，便属于早恋行为。从社会实践角度看，早恋给青少年带来的害处是很多的。

第一，影响前途。中学时代是人的一生中学习知识技能，养成良好素质的黄金时代。在这个阶段早恋会分散精力、浪费光阴、贻误学习，乃至对一生造成负面影响。

第二，早恋的成功概率很小。早恋者年龄还小，思想不成熟，又缺乏社会阅历，往往把婚姻恋爱问题看得过于简单。他们常常只凭一时的感情冲动而海誓山盟，但随着时间的推移，双方的关系又会疏远起来。留下的是太多不必要的遗憾甚至心灵创伤。

第三，有害健康。青少年自制能力差，一旦陷入早恋，会引起情绪的强烈波动，有时甚至导致发生性行为，这对女孩的身心健康的损害往往更大。

第四，上当受骗。青少年容易把别人的虚情假意误认为真情实意，以致受骗失身，甚至造成更为严重的后果。

第五，导致犯罪。青少年没有独立的经济收入，而恋爱活动往往需要大量的经济支出。一些意志薄弱的青少年误以为恋爱就要讲排场，就要和社会上那些红男绿女一样赶时髦，而自己的“隐秘”又不敢让家长知道，为了向对方显示“爱的真挚”，就“挖空心思”找经济支持。还有一些早恋的中学生则在不良社会风气的影响下发展到争风吃醋，拉帮结派，打架斗殴，严重扰乱学校的正常教学秩序和社会秩序。

当老师或家长发现学生（子女）有早恋行为时，首先要弄清情况，分析原因，再给他们讲清道理，做深入细致的思想工作，采取疏导的方式，晓之以理，动之以情。实践证明，只有这样，才能收到实效。

如果未成年人自己或他人通过不正当途径办理了未成年人与他人登记结婚手续，未成年人的近亲属有权依据婚姻法规定，向人民法院就已办理结婚登记的婚姻申请宣告婚姻无效。因为达到法定婚龄是结婚的必备要件之一。

珍惜生命须坚强

青少年在人际交往中的自我保护,不仅要预防他人伤害自己的身体,而且要学会正确处理在与老师、家长、同学的交往中碰到的问题,做到意志坚强,珍惜生命,绝不产生自暴自弃、自虐自残、绝望轻生的念头,防止发生自己伤害自己甚至自杀的傻事。

“中国少年儿童平安行动”组委会曾经开展过“你认为最急迫需要解决的校园伤害”专项调查。调查结果显示,81.45%的被访小学生认为,校园“语言伤害”是最急需解决的问题。所谓“语言伤害”就是老师和同伴使用一些错误的不恰当的语言而给同学造成心灵伤害。比如,“你有病啊”“你精神不正常啊”“滚出去”“你傻啊”“你怎么这样笨”“你没记性啊”“真不要脸”“你缺心眼呀”“你总是全班最后几名,对得起父母吗”“你简直就是个废物”等。这些语言往往会对学生的心理产生程度不等的伤害,后果难以设想。

重庆市一名女学生因为上学迟到,被老师嘲讽“连坐台都没有资格”。这位女生听了之后,感到人格受到莫大的侮辱,一气之下,跳楼自杀身亡。

显而易见,这件惨案发生的原因,主要是老师错误的语言严重地伤害了这位女学生的自尊心,导致她绝望。正因为语言伤害后果严重,所以许多地方的学校把这些容易伤害学生心灵的语言列为“教育禁语”,以保护思想单纯、没有设防能力的学生的心灵免受伤害。

爱心小贴板

不管现在还是将来，总免不了有些老师或者同学会使用一些错误的不恰当的语言，这个时候应该怎么办呢？关键的一条，就是青少年学生要有自信心。有了自信心，才会有坚强的意志，才不会听了错误的不恰当的言语后自暴自弃、自我作践。只有自信心强的人，才会不受环境、条件等外界的影响，努力拼搏，奋起直追。当然，青少年学生听到错误的不恰当的语言，如果出自老师之口，应该报告学校领导；如果出自同学之口，应该报告老师，使他们受到应有的批评教育，今后不再使用错误的不恰当的语言伤害同学。

还有的青少年学生，由于自己成绩不好而自卑，甚至有的学生因为考不上重点学校或者理想的学校而离家出走或者自伤甚至自杀，那更是极端错误的。

有一名正在读初三的16岁女孩，因成绩不理想，在家中喝下杀虫剂。家人发现后，赶紧将已昏迷的女孩送到医院抢救，把她从死亡线上拉了回来，脱离了生命危险。据了解，女孩姓曹，在一所外来子弟学校读书。由于开学考试中成绩不是很好，小曹被老师找去说了几句，随后她便一直闷闷不乐。那天晚上，想不开的小曹趁家人不注意，偷偷地在房间里喝下了一瓶杀虫剂。

漠然处置自己的生命，发生在小学生中，实在骇人听闻。

2011年10月5日，广东电白县观珠镇河垌村委会发生一起惨剧，3名小学生怀疑相约喝农药自杀，其中一名五年级学生不幸去世，另两名为亲兄妹的学生经医院救治脱离危险。

学生集体相约自杀的新闻所折射出的问题是学生普遍存在的心理焦虑。“学生焦虑群”的出现，考问的是整个社会在营造孩子成长环境方面存在的不当和不足。

社会学家认为，自杀的原因大多是因为对自己心理了解得不够充分。学生选择自杀，肯定是出于对自己生存环境的极度不满，但又不能得到很好的心理疏导。读书为什么不快乐？读好书今后有啥用？诸如此类的大问题没有得到积极的答案。这样的问题对学生来说极为重要，可在教育者来看却往往被忽视。

全社会要直面眼前出现的“学生焦虑群”。对此，都要想办法消除学生焦虑不断出现的根源。家长要给孩子足够的自我发展的宽松环境，平时要能经常倾听他们的呼声，并为孩子营造温暖的家庭环境。学校更有责任重视学生的生命教育，帮助学生解决好心理问题。当然，社会也要为孩子提供更好的成长环境。对学生而言，应当树立珍惜生命的观念，碰到问题想不通时，要主动与家长、老师沟通，或者寻找心理咨询师的帮助。

爱心小贴板

古人云：“天生我才必有用。”俗话说：“三百六十行，行行出状元”。一个人能否成才，并非完全取决于所受到的文化教育程度的高低，也不在乎当农民、当工人、当技术人员或者当干部，只要政治思想素质好，干一行、爱一行，认真努力，发愤图强，在任何岗位上都能干出成绩，对社会作出贡献！

一个时期以来，青年人因为早恋受挫而轻生的事情时有发生。我们应该引以为戒。

2012 年 3 月 7 日下午二时许，南京机电职业技术学院大二学生小璐，爬上学校 3 号楼的 5 楼，纵身跳下自杀。幸好，该学院学生处处长张卫老师舍生忘死，飞身徒手按住了她，没有造成严重后果。小璐受伤不重，但张卫老师左右大拇指指根骨折。后经了解，小璐是因为老家男朋友突然变卦，她经受不住如此挫折而选择了轻生。

青年学生涉世不深，阅历较浅，缺乏承受生活挫折的心理能力，尤其是感情比较脆弱的学生，应当参加一些心理辅导活动，努力提高心理素质。在碰到想不通的问题时，应当与他人交流，或者进行心理咨询，寻找他人的帮助，化解心理矛盾。万万不可拿生命为代价处事。因为，对于每个人来说，生命一旦失去，就不能挽回，一切便无从谈起！

爱心小贴板

有的青少年的家庭比较困难，或者父母离婚处境不佳，因而产生了不求上进甚至怨恨、厌世的思想，这也是千万要不得的。因为家庭是不能由自己选择的，家境好坏由不得自己，处于劣势的青少年学生要面对现实，采取积极向上的态度，培养自己坚强的意志，做到人穷志不短，越是困难越要坚强，越要奋发努力向上。

依法自我保护

“法”对于每一个公民来说都是保护神。学法、懂法是依法保护自己合法权益不受侵犯的前提和基础。

他人的合法权益也是得到法律法规保护的。假如自己虽然学法，却又随心所欲地侵犯他人的合法权益，那么自己就要受到法的追究，导致政治上、经济上的损失。而且，在违法过程中，一旦对方实施正当防卫，自己还有可能受到人体伤害，这种伤害，对方是不负有法律责任的。

当前，广大青少年学生尤其要学好《中华人民共和国未成年人保护法》《中华人民共和国义务教育法》《中华人民共和国治安管理处罚条例》《中华人民共和国刑法》《中华人民共和国民法通则》《中华人民共和国道路交通安全法》等有关内容，弄清楚自己的权利和义务，懂得怎样依法保护自我，把自己的言行纳入法制的轨道，以适应我国逐渐由人治转为法治的形势需要，使自己成为合格的公民。

少年儿童享有接受义务教育权

少年儿童上学接受义务教育，是法律赋予的权利。任何人都不能以任何借口剥夺他们的这种权利。然而，由于种种原因，少年儿童接受义务教育的权利被非法剥夺的现象还时有发生。

李某与婚外恋的姜某于1994年12月生下了儿子小雨。2004年7月，小雨的父亲发现儿子小雨并非自己亲生，遂与李某离婚。而小雨的亲生父亲姜某一直不肯承担小雨的生活费、教育费，在多次交涉无果的情况下，10岁的小雨为了维护自己的合法权益，一张状纸将这个曾经充当“第三者”的负心生父姜某送上了法庭，要求其一次性支付自己10年抚育费、教育费、医疗费10万元整，并从2005年1月起，每月支付其抚育费500元。无疑，法庭支持了小雨的诉求。

爱心小贴板

少年儿童如果遇到父母或监护人反对自己入学接受义务教育的情况，应该向父母或监护人宣传《义务教育法》的法律内容，促使他们转变态度。如果不能收效，应向老师、学校、村(居)委会干部、司法机关求助，让他们去做说服工作。如果因为家境贫困无钱上学，可以向地方政府或者“希望工程”求援。当自己享有的接受义务教育权被非法剥夺无法解决时，少年儿童应该拿起法律武器来维护自己的合法权利。

青少年享有知识产权和荣誉权

我国《未成年人保护法》第36条规定，国家依法保护未成年人的智力成果和荣誉权不受侵

爱心小锦囊

接受义务教育是未成年人的合法权益，广大少年儿童应当端正学习态度，奋发向上，努力学好文化知识，实现德、智、体、美、劳全面发展，为今后投身“四化”建设大业奠定坚实的基础。

犯。这里讲的智力成果，指的是由人的思维活动产生的、已在社会上以某种物质形式存在的一种信息。法律规定的，人们对于自己的脑力劳动创造的精神财富所享有的权利，称之为智力成果权，亦即知识产权。专利权、版权、发明权等都属于知识产权。

孙小青同学在一次全省小学作文比赛中获得了一等奖。此后不久，他这篇获奖作文突然被刊登在一家报纸上。老师告诉他，在没有征得作者同意的情况下，擅自刊出他人的文章、哪怕署了作者的姓名，也是违反我国《著作权法》的侵权行为。于是，孙小青同学向那家报纸所在地的人民法院提起诉讼。结果，这家报纸承认错误，向他赔礼道歉，并且付给他应得的稿酬。

青少年学生因自己的优秀品行和学业等而从社会获得的荣誉和嘉奖，也是受到国家法律保护的。这种荣誉和嘉奖，包括党政机关、企事业单位、人民团体授予的某种光荣称号、奖章、奖金等。这些荣誉如被人非法剥夺和侵犯，被害学生可以追究侵犯者的法律责任。

爱心小贴板

倘若青少年有了新的发明创造而且确实有价值，当然也拥有知识产权，并且可以向有关方面申请专利。在获得专利后的15年之内，如有厂家要利用这项发明付诸生产，就必须付给发明者一定的经济报酬。如果厂方不照此办理或者这项专利被他人冒充、否认，那么发明者可以依法向人民法院提起诉讼，使侵权人承担相应的法律责任。

青少年享有肖像权

公民享有肖像权，未经本人同意，不得以营利为目的使用公民的肖像。这是我国《民法通则》第100条规定的内容。人的肖像是人的客观形象的记录，象征着人的自身。包括广大青少年学生在内的每一个公民的肖像，他人都不得进行侮辱、丑化。在自己不知道或者不同意的情况下，自己的照片若被他人出于营利目的而用做广告、商标、橱窗装饰等，这就是你的肖像权受到了侵犯。这时，你可以而且应该（或者请父母或其他监护人）向有关方面起诉，以保护自己的合法权益。我国《民法通则》第120条规定，公民的姓名权、肖像权、名誉权、荣誉权受到侵害的，有权要求停止侵害，恢复名誉，消除影响，赔礼道歉，并可以要求赔偿损失。

青少年享有受奖权

13岁的俞文拿出父亲给他的压岁钱买了一张彩券。真是无巧不成书，恰恰中了个大奖，得到一台洗衣机。父母兴高采烈地把洗衣机运回家中，马上就用了起来。俞文对父母说："老师给我们讲过，国家规定，小孩子也有受奖的权利。洗衣机你们可以用，但要算钱给我。"家长一听十分恼火，父亲板着面孔训斥他："你是我们养大的，买彩券的钱也是我给的，没有父母哪有你？不给压岁钱你能买彩券吗？还要向我们算什么钱?!"俞文嘴上讲不出什么道理，但内心不服。开学后，他就去问老师。老师帮他借了两本法律书，让他拿回家去给父母看看。父母读了法律书，才知道儿子的要求是有法律依据的，他是在依法保护自己的受奖权呢！他们非常高兴。其实，洗衣机的所有权属于俞文，和放在家里用也没有十分严格的区别——虽然这样想，父母亲还是把洗衣机款算给了俞文。俞文又把这笔钱存在父母处，作为以后他读书的学杂费。对此，同学们不理解，俞文却说："我要父母亲算钱，是按国家法律办事，行使我的受奖权，并不是为了要钱乱花呀！"

俞文上述行为的法律依据是什么呢？《中华人民共和国民法通则》第9条规定，公民从出生时起到死亡时止，具有民事权利能力，依法享有民事权利，承担民事义务。最高人民法院《关于贯彻执行〈中华人民共和国民法通则〉若干问题的意见（试行）》第6条规定："无民事行为能力人、限制民事行为能力人接受奖励、赠与、报酬，他人不得以行为人无民事行为能力、限制民事行为能力为由，主张以上行为无效。"俞文年幼，属于"无民事行为能力"，但他"接受奖励、赠与、报酬"的行为不是"无效"的。所以，爸爸训斥他那一段话，从"人情"上看来好像"合理"，却不"合法"。

青少年享有安全健康权

我国《未成年人保护法》规定，各级人民政府应当创造条件，建立和改善未成年人文化生活需要的活动场所和设施。学校不得使未成年学生在危及人身安全和健康的校舍和其他教育教学设施中活动。任何组织和个人不得扰乱教学秩序，不得侵占、破坏学校的场地、房屋和设备。

组织未成年人参加集体活动，应有利于他们的健康成长，防止发生人身伤亡事故。在发生火灾、洪涝、地震等自然灾害时，严禁让未成年人直接参加灭火、抗洪等救灾斗争。因为未成年人年幼力弱，又缺乏灭火、抗洪等经验，一旦参与，容易导致人身伤亡，结果得不偿失。

这是几年前的事情，但教训值得我们永远吸取。河南省林县东山村发生山林火灾，东山村小学的60多名学生闻讯后立刻奔赴现场，勇扑烈火。不幸的是其中有5名10岁至14岁的少年儿童在这次灭火中献出了生命，另有一些同学被烧成重伤。

爱心小贴板

在各种自然灾害发生的时候，未成年人不能袖手旁观，应该迅速向有关方面报警，传递灾情信息，并在保护好自己和同伴安全的前提下，尽自己的可能积极协助成年人抢险救灾，绝不能鲁莽、冒险、草率行事，以免造成不必要的伤亡。未成年人如果遇有成年人强制自己参与危及自身安全的救灾活动，则可依法进行自我保护。

如今，在某些城市、集镇的街头巷尾，仍可见到有些杂耍艺人指令少年儿童表演恐怖、残忍的节目，如腹顶尖刀、皮鞭抽身、人口灭火、脚踩钉板、蛇缠肉体、锤击顶石等。这是对少年儿童身心健康的摧残，同时也侵犯了少年儿童应该享有的接受义务教育权和安全健康权。这些受害的少年儿童往往是为了经济原因而被成年人利用的，他们不知道自己的合法权益遭到了侵犯。我们一旦发现这种情形，应该伸出热情的双手给予帮助，向他们宣传《义务教育法》和《未成年人保护法》，引导受害少年儿童依法进行自我保护。并且，我们要与胁迫、诈骗少年儿童从事这种表演的不法之徒进行斗争，报告公安机关，使他们受到应有的惩处。我国《治安管理处罚条例》第 22 条第 6 款规定，胁迫或者诱骗不满 18 岁的人表演恐怖、残忍节目，摧残其身心健康，不够刑事处罚的，处 15 日以下拘留、200 元以下罚款或者警告。

未成年人绝不当童工

组织少年儿童短时间、适度地参加一些力所能及的体力劳动是必要的，但是任何企事业单位和个人都不许招收未成年人当童工。我国《未成年人保护法》第 38 条规定，任何组织或者个人不得招用未满 16 周岁的未成年人，国家另有规定的除外。

改革开放以来，出现了某些个体经营者和合资、外资企业招收童工的现象，有的甚至造成严重后果。招收、使用童工是侵犯少年儿童权益的违法行为，必须制止、制裁。少年儿童如果是被父母或其监护人送去当童工的，那么后者也就负有法律责任。所以，少年儿童的父母或者监护人，不得允许、强迫未满 16 周岁的子女或者被监护人去做工经商。任何厂矿企事业单位和私营工商户，都不得使用童工；所有职业介绍机构和其他单位、个人，均不得为未成年人介绍职业；各级工商行政管理部门，不得为未成年人核发个体营业执照。如有人违反上述规定，受害的少年儿童应该拿起法律武器，保护自己的合法权益不受侵犯。

人格尊严不受侵犯

我国《未成年人保护法》第18条规定，学校应当关心爱护学生；对品行有缺点、学习有困难的学生，应当耐心教育、帮助，不得歧视。第21条规定，学校、幼儿园的教职员应当尊重未成年人的人格尊严，不得对未成年人实施体罚、变相体罚或者其他侮辱人格尊严的行为。前面曾经讲过正确处理师生矛盾的问题，如果老师违反上述规定，学生应在认识自己缺点错误的同时给予指出，帮助老师纠正。倘若情节严重，或者老师坚持不改，学生应该向学校领导和教育部门反映；教师侮辱学生人格尊严导致严重后果的，受害学生及其家长应当向法庭起诉，追究其法律责任。

残疾少年儿童与健康少年儿童享有平等权利，他们接受义务教育的权利和他们的人格尊严同样受到国家法律的保护，任何人不得侵犯。残疾少年儿童由于肢体的不健康、不健全，给学习和生活带来了较大的困难，理应得到家庭和学校更多的关怀和帮助，无论从道德上还是法律上讲，都没有理由歧视他们。若是残疾少年儿童的合法权益受到侵犯或得不到维护，应该求助于社会和法律的帮助，讨回公道，保护自己。

青少年不应当吸烟

中小学的校规校纪都禁止学生吸烟。包括我国在内，世界各国都在宣传禁烟并制定了越来越多的限制吸烟的规章和措施。这是因为吸烟对人们的健康极为有害。香烟中含有20多种有害物质，特别是尼古丁、烟焦油、氢氰酸等物质，对人体的危害极大，能导致身体局部癌变。

青少年吸烟对健康的危害更大。国外一名大学教授通过对中国学生吸烟现状的研究，预测到公元2025年后，中国每年死于与烟草有关疾病的人数将达到200万，其中死于肺癌的就有90万。而且，吸烟会损害学生的记忆力，影响学业的进步。当然，吸烟还会污染环境，危害他人。

不看有害的录像及书刊

某年，苏州市沧浪区法院以强奸罪一审判处16岁的小李有期徒刑5年。小李是怎样走上犯罪道路的呢？小李出生在安徽省某县一个贫困家庭。初中时一个偶然机会，小李在同学家中看了一部黄色录像。那时他年纪小，对画面中的情节似懂非懂。初中毕业后，他与父母一起来到苏州浒关镇，报名参加了电脑培训班，并租住了一处民房。一次回家的路上，小李在路边一书摊上看到一本书的封面和自己曾经看过的录像情节很相似，他忍不住拿起来翻看了一会。随后，他便经常跑到这个书摊上看那些内容淫秽的书，思想受到了毒害。

时隔不久，小李那天在家中复习功课。这时，住在隔壁的4岁小女孩小云过来要玩游戏机，因为不小心摔了一跤。小李一边安慰她一边让她看电视。就在这时，小李的脑海里突然浮现出他所看的淫秽书刊中的内容。于是，他便丧失理智地将小云抱到床上……

可见，淫秽录像和黄色书刊对于青少年来说，是尤其致命的精神鸦片。我国《未成年人保护法》第11条规定，父母或者其他监护人应当以健康的思想、良好的品行和适当的方法教育和影响未成年人，引导未成年人进行有益身心健康的活动，预防和制止未成年人吸烟、酗酒、流浪、沉迷网络以及赌博、吸毒、卖淫等。第25条规定，严禁任何组织、个人制作或者向未成年人出售、出租或者以其他方式传播淫秽、暴力、凶杀、恐怖、赌博等毒害未成年人的图书、报刊、音像制品、电子出版物以及网络信息等。所以，淫秽音像制品和书刊的传播者是触犯法律的，应该受到惩处；青少年学生也应自觉地遵纪守法，不但自己不看淫秽录像和黄色书刊，而且当发现学校内或社会上有人在传播这些有害的内容时，应该报告学校领导，或者向公安机关检举揭发，协助政府开展“扫黄”斗争，为精神文明建设作出贡献。

不进舞厅、游戏房

舞厅是成年人交际娱乐的场所，某些管理不善的舞厅则成为藏污纳垢之地。与舞厅的性质和情况差不多的夜总会、卡拉OK厅、酒吧等场所，其环境对未成年人的健康成长也是十分不利的。广大少年儿童应该懂得其中的利害关系，自觉地做到不进上述场所。

电子游戏机是一种极具诱惑力的玩具，青少年学生一旦玩上了瘾，往往欲罢不能。在许多城市里，中小学生因迷恋游戏机而荒废学业的情况具有普遍性，有些学生甚至从玩游戏机发展到参与赌博、盗窃活动。

上海某小学有个四年级的男孩，1995年鬼使神差地迷上了游戏机，从此经常旷课，成绩急剧下降，后来竟玩起赌博机（这是国家明令禁止的），输掉数百元，他从家中偷出千元国库券卖了还债……事后他的母亲哭着对班主任说："张老师啊！你们呼吁呼吁，谁来管管游戏机——救救我们的孩子吧！"

迷恋游戏机会伤害身体健康，因为电子游戏机能发射多种射线，并有高频电辐射以及有害元素侵入人的皮肤，使组织细胞慢性中毒，甚至引起某些组织细胞变性，导致肿瘤的生长。久玩电子游戏机对眼睛伤害特别大，轻者成为近视，重者造成暴盲。此外，玩电子游戏机时因精神高度集中，全身骨骼、肌肉处于僵持状态，久而久之，人体会产生麻木、发酸、疼痛等症状。

鉴于电子游戏机对少年儿童有多种危害，公安部、文化部作出决定，禁止未成年人进入游戏房。

不扰乱公共秩序

公共秩序指的是人们在社会生活中为维护公共事业和集体利益所必需遵守的行为规范。公共秩序包括社会秩序、生产秩序、工作秩序、教学科研秩序以及人民群众的生活秩序等多方面内容。

为了维护公共秩序，广大青少年在学校内和汽车、电车、火车、船舶、飞机等公共交通工具上以及车站、码头、民用航空站、市场、商场、公园、影剧院、娱乐场、运动场、展览馆或者其他公共活动场所时，要自觉地遵守规章制度，如：不大声喧哗，不故意起哄，不扒车、拦车、逃票，有秩序地上下车、购物，不打群架，不寻衅滋事，不骚乱破坏，不用污言秽语、下流动作、泼洒污物等行为侮辱女性，不谎报险情制造混乱，等等。如果有人违反这些规定，扰乱了公共秩序，后果不严重的，根据《治安管理处罚条例》的有关规定，将受到15日以下拘留、200元以下罚款或者警告处罚；情节恶劣、后果严重，构成破坏公共秩序罪的，要依法追究刑事责任。

不妨害公共安全

公共安全是指不特定的多数人的人身和财产安全。为了保障公共安全，国务院和有关部门制定了一系列管理法规和规章。广大青少年学生应该严格遵守这些法规和有关规定，不发生妨害公共安全的行为。

具体地讲，青少年学生应该做到：

(1) 不携带、存放、使用、玩弄军用枪支、射击运动用的各种枪支、狩猎用的枪支、麻醉动物用的注射枪、气枪、钢珠枪以及各类弹药。否则，有可能伤害自己，还会影响他人安全。

(2) 不储存、使用炸药、雷管、导火线等危险物品；应按公安机关的规定，在允许而且安全的地方燃放烟花爆竹。这些危险物品容易引发爆炸、火灾事故，造成人员伤亡。根据国家规定，除因生产、科研、工作需要经过公安机关批准外，其他人是不准擅自储存、使用上述危险物品的。除政府规定禁止燃放烟花爆竹的地区外，在易燃易爆物资仓库附近也不得随意燃放。违反这些规定，很容易酿成灾害事故。

(3) 不携带匕首、三棱刀、弹簧刀(跳刀)等管制刀具。

初三学生钱某晚上常去上辅导课，为怕在路上遇见坏人，他从地摊上买了一把弹簧刀带在身上，以防不测。后来他在乘火车去外地时被公安机关发现，民警要没收刀具，他不服，说自己没做坏事没伤人，只不过防防身，有什么错？公安人员指出，弹簧刀和匕首、三棱刀都是国家管制的刀具，携带管制刀具必须是生产、工作需要并持有公安机关发给的《佩带证》。因为这些特种刀具如果不加管制，容易成为犯罪分子作案的凶器，危害公共安全。小钱听了心里豁然开朗，交出了弹簧刀，并接受了公安机关给予的治安警告处罚。

（4）不在铁路、公路、水域航道堤坝上挖掘坑穴、设置障碍物、损毁或者移动指示标志。若违反这一规定，就是侵害交通运输设备和安全设施行为。因为这样做的结果，可能会影响交通运输的安全。公安机关一经发现，将根据不同情节和后果，分别给予15日以下的拘留、200元以下罚款或警告处罚。

（5）不故意损坏、移动施工单位设置在车辆、行人通道上的沟井坎穴上的覆盖物、标志、防围。

中学生小陈一天下午放学回家，看见离家不远处的马路上挖了一条沟，正在铺下水管。晚上，他外出时路过那里，发现沟上面盖着几块竹板。小陈平时喜欢玩点恶作剧的把戏，这一下他觉得可以有“好戏”看了，于是把沟上的一块竹板移到别处，自己则站在路边上等着看路人失足的“戏”。没想到，恰巧他的一个好朋友骑车来找他玩，只听得“扑通”一声，那个同学人仰车翻，重重地摔倒在地。小陈赶紧扶起同学送往医院，匆忙之中忘了把竹板恢复到原来位置，以致一位妇女骑车经过这里又跌倒受伤。公安机关接报后，除了责成小陈负责赔偿两人的医药费外，还给予他治安罚款200元的处罚。从此以后，他改掉了喜欢捉弄别人的坏毛病。

不侵犯他人的人身权利

殴打他人，非法限制他人的人身自由或者非法侵入他人住宅，公然侮辱他人或者捏造事实诽谤他人，写恐吓信或者用其他方法威胁他人安全、干扰他人正常生活，隐匿、毁弃或者私自拆开他人邮件、电报等，都是侵犯他人人身权利的行为。这些行为情节严重、构成犯罪的，要追究刑事责任；属于违反治安管理的，要受到15日拘留、200元以下罚款或者治安警告处罚。

青少年学生在平时的交往中，难免会发生一些纠纷，正确解决纠纷的方法是，坚持“和为贵”的原则，通过摆事实讲道理，化解纠纷。千万不能采用侵犯他人的人身安全的方法解决纠纷。如果一方头脑不冷静，发生打人骂人的问题，受到侵害的另一方青少年学生，应该尽量回避，口头警告对方，制止其不法侵害行为。若是对方不听，则应报告老师或学校领导；问题严重的，可向公安机关报警，使得打人骂人的学生受到应有的教育或处罚，改过自新。假如受到打骂的学生不这样做，而是记恨在心，图谋报复，以牙还牙，往往会酿成恶果，身受其害。

某小学五年级学生武力（化名），凭借其身强力壮的优势，在同学中间称王称霸，常常寻衅滋事，欺负身体弱小的同学。有一次，同学A、B、C三人经过商量，决定教训一下武力。那天下午，他们身藏凶器，把武力骗到校外无人处，令武力下跪赔礼道歉。武力不从，于是遭到A、B、C三人痛打。结果，武力身负重伤，不治而亡。最后，A、B、C三人被人民法院分别判处有期徒刑而失去人身自由，后悔莫及。

在校学生，追求好的学习成绩，立志考大学，无可非议。但是，当自己的成绩不好，考大学无望的时候，要正确对待，只能奋发努力，奋起直追，争取后来居上。切不可嫉妒甚至怀恨成绩好的同学，诽谤、侮辱、行凶伤害他人。否则，害人害己，后果难以设想。

初三学生王劲来到同学王娇家中，乘其不备将其杀死。后当同学王霄来到王娇家时，王劲又用电线勒住王霄的脖子，致其昏死过去。然后，王劲纵火烧毁王娇家的房屋。幸好王霄被救出，但已面目全非，十指全无，惨不忍睹。

为什么王劲要杀害王娇、王霄呢？因为，原先他们三人的成绩都很好。后来,王劲的成绩渐渐落后,在眼看无望进入省重点高中和考上大学的情况下,王劲把一腔仇恨都集中到王娇、王霄的身上。于是,惨案发生了。王劲也受到了法律的严惩。

不侵犯公私财物

以非法占有为目的,攫取公家或他人财物,故意损坏公家或他人财物等均属于侵犯公私财物的行为。其中情节严重、构成犯罪的,要依法追究刑事责任;如果情节不严重,属于违反治安管理行为,则要受到15日以下的拘留、200元以下的罚款或者警告处分,也可以既拘留又进行罚款。后一种行为主要包括偷窃、骗取、抢夺少量公私财物,哄抢国家、集体、个人财物,敲诈勒索公私财物,故意损坏公私财物等。

学生陈某的父亲从事贸易经营,家境富裕。范某知情后,别有用心地把陈某收为“兄弟”,以安全为由,每月索要陈某30元保护费。数月后,陈某不想继续交钱,找到学生王某求助。王某介绍陈某结识刘某。刘某带了陈某去找范某,威胁他不许向陈某收取保护费。从而,刘某成了陈某的大哥。此后,刘某以帮助“摆平”了范某为由,二次向陈某讨钱400元。后来讨钱时,陈某身上没有钱。刘某就逼着陈某带去家中拿钱,先后6次非法索取现金11000元。

该案破获后真相大白,范某、刘某、王某系一个敲诈勒索犯罪团伙的成员,他们狼狈为奸,先后作案30起,案值达2万余元。他们以害人目的开始,以害己结局告终。范某、刘某、王某最后均被依法逮捕判刑,失去了一段时间的人身自由和美好的人生前途,他们后悔莫及。

也许青少年学生认为,合法的公私财产不得侵犯,非法的财产偷了抢了不要紧,这种观点是十分错误和有害的。

小明、小马、小石、小坤都是十六七岁的未成年人,他们看到住地一些杂货店里有人在玩“老虎机”游戏赌博,心里想,赌博是违法行为,“老虎机”是专门用来赌博的工具,抢了“老虎机”和赌博的钱不会出事，店主也不敢报警。于是，他们合谋打劫。2004 年 4 月 14 日晚 9 时许，他们拦下一辆面包车，来到一家泡开水的小店，看到店里放着一台赌博游戏机，抢了就走。店主上前制止，小明威胁道："你再走近一步，我用刀砍了你。"随即抱走"老虎机"和里边的 200 元赌资。此后，小明等 4 人连连作案，先后抢得 7 台"老虎机"和赌资近千元。不久，4 名未成年人落入法网，被上海市闵行区检察院以抢劫罪送上了法庭。

不妨害社会管理秩序

为维护社会正常秩序，广大青少年应当自觉服从和遵守国家机关依法对社会实行的各种管理活动，并且要尽力给予协助。因此，我们要坚决预防、杜绝下列各种妨害社会管理秩序行为的发生：

（1）倒卖票证的行为。即以营利为目的，购进车票、船票、文艺演出或体育比赛入场票（券）及其他票证，然后加价卖出。所谓其他票证，是指类似于上述票（券）的具有营业性质的、代表一定数额现金的有价票证，如飞机票、美术展览入场券等。

（2）故意污损文物、名胜古迹、雕塑的行为。

（3）故意损坏公用设施的行为。即故意损毁路灯、邮筒、公用电话或者其他公用设施。所谓其他公用设施，是指公共汽车站或电车站的候车亭、休息座椅，街道路旁的电话亭、果皮箱、垃圾箱、痰盂、公共厕所、污水池、各种报警器、公用天线等。

（4）破坏草坪、花卉、树木的行为。即违反《环境保护法》和各级人民政府或者有关部门制定的关于环境保护的管理规定，践踏草地、攀折花卉、砍伐树木等。

上述种种违法行为，如果情节严重构成犯罪的，要依法追究行为人的刑事责任。如果情节不严重，则按《治安管理处罚条例》的规定，给予拘留、罚款或者警告处罚。

不吸食、注射毒品

毒品是指国家依法管制的能够使人形成瘾癖或产生依赖性的麻醉药品和精神药品。目前，世界上最常见和最主要的毒品有鸦片、吗啡、大麻、海洛因、可卡因、冰毒、摇头丸等。

毒品对人体具有较大的危害性，特别是吸毒上瘾之后，随着剂量的增加，它对身体的伤害十分严重。如吸食鸦片成瘾者，瘦弱不堪，面无血色，目光发直，瞳孔缩小，失眠无力。大剂量吸食吗啡、海洛因、可卡因等毒品，会致人呼吸衰竭而死亡。

吸食、注射毒品还容易引发偷盗、诈骗、抢夺、抢劫、杀人谋财等案件的发生。因为毒品价格昂贵，吸毒成瘾者往往身体虚弱，不能劳动、工作，没有正当的经济收入，但是他们又无法自行停止吸毒，于是，为了筹集毒资，他们就不择手段作案，危害社会治安。

正因为毒品对人类对社会危害大，所以，我国政府禁止吸食注射毒品，违者处以 15 日以下拘留、200 元以下罚款或者警告。吸毒成瘾者罚款 2000 元以下，并强制戒毒。如果仍不改悔，则予以收容教养 1 至 3 年。

爱心小贴板

广大青少年学生要远离毒品，不受其害，就必须认清毒品的危害，洁身自好。发现有人吸食或注射毒品，不但不要与其交往接触，而且要迅速报告警方，使他们受到及时处罚。如果有的青少年学生不小心上当受骗吸了毒，则应该立即停止吸毒，倘若自己无法控制，就应当向警方求助戒毒。

不犯过错损害他人

这里讲的过错，并非主观（故意）过错，而是指的客观（非故意)过错。由于青少年学生涉世不深,缺乏社会经验,考虑问题不周全,以致出现一些危险行为而损害他人的财产和人身安全。尽管这是过失所致,但对此产生的损害后果,法律上要承担责任,即犯有这种过错的青少年学生必须赔偿受损害者的经济损失。

2004 年 5 月 29 日下午 2 时许,江西省新干县的艾某(14 岁)邀徐某(12 岁)去摘桑叶,随后邀请林某、陈某、邓某(3 人不过 15 岁)一起去。后来,他们因故未能摘到桑叶,徐某便提议到河里去玩。5 人来到赣江边沙石场附近。徐某见其认识的同学也在河里游泳,便提议换一个地方。5 人遂来到上游段游玩。不久,水性不佳的艾、邓、陈 3 人不慎误入深水区,溺水时大喊救命。林某见状,迅速游向就近的陈某身边,将陈救起。徐某此时待在岸上,见状既不下水救人,也不叫人来帮忙,而当时附近船上有人在采砂。艾某与邓某随即消失在水面,溺水而亡。

事发后,艾某之父向人民法院提交诉状,要求徐某、陈某、林某给予经济赔偿。法院审理认为,死者与 3 个被告均系限制民事行为能力人,3 个被告对死者的死亡主观上并无过错,但在无人监护情况下,共同至赣江玩,实属一种危险行为,对该共同危险行为造成的同伴死亡所致的损失,3 个被告法定代理人应公平地予以补偿。法院判决,徐某、陈某、林某 3 个被告法定代理人分别赔偿本案原告艾某之父 6000 元、5000 元、3000 元。

爱心小贴板

广大青少年学生,做任何事件都要考虑到是否安全。不安全的事,自己不去干,也不得叫别人干,否则是要付出代价的。而在不安全的危险行为中受损害的青少年学生如果得不到经济赔偿,则应该运用法律武器,维护自己合法权益。

更有甚者,极个别学生不自尊、不自重、不自爱,自己犯下大错之后,还故意把别人“拉下水”,走上歧途。

广西桂林市曾发生一起轰动一时的特大抢劫案，一名商人被3人合伙抢走巨款130多万元。导演这起劫案的竟然是受害者的小情人——一名不足18岁的90后女孩。令人不解的是，抢劫得逞后，女孩却只分到一万元赃款。2008年11月18日，女孩因抢劫罪被广西桂林市中级人民法院判处有期徒刑8年。报纸以"90后少女为义气制造百万劫案"为题，报道了这一特大案件。叛逆无知、是非不分和幼稚俗气害人又害己，在这个"90后"女孩身上表露无遗，值得广大青少年学生引以为戒。

不进网吧上互联网

近几年来，互联网上网服务营业场所——网吧、电脑休闲室越来越多。总体来看，这是社会发展的需要，对社会进步有着积极意义。但是，由于部分互联网上网服务营业场所违规经营和少数未成年学生缺乏法制观念和自我保护意识，未成年人进入网吧、电脑休闲室上互联网的情况较多发生，甚至有的青少年学生有了"网瘾"，整天沉迷于互联网。

初二学生小D自从半年前进入网吧之后，就迷上了网络游戏，从此一发而不可收，学习成绩一落千丈，脾气也变得很暴躁。小D的父母在好言相劝、极力阻止无效的情况下，采取武力征服方法，却也无果。最后，父母不给小D零用钱，断了他进网吧的经济来源，但仍无济于事。2004年11月的一天，小D把父母刚给他买的电瓶车低价出售给同学，痛痛快快地在网吧玩了一周。

爱心小锦囊

未成年人沉迷于网络不仅会荒废学业，身心健康也往往受到很大的伤害。

钱花光后，他想回家把母亲的一辆自行车拿出来卖掉，结果，小D在家中被母亲逮住。看着儿子消瘦的面孔、邋遢的衣服，母亲的眼泪夺眶而出。她无奈地说，只希望小D不要再陷入游戏网络的无底洞。

类似小D这样的情况属于上网成瘾，国际上称其为“互联网成瘾综合征”，简称IAD。我国研究表明，上网人群中有IAD症状的比例约为6%，在青少年中高达14%。这些“网瘾”患者在迷上网络之前，大多学习成绩都很不错，生活上也很乖巧。可是，自从接触网络之后，就像中了“迷魂大法”，除了上网还是上网，有的竟不吃不睡不上学，甚至对阻拦他们的父母恶言相向，施加暴力，行为变得异常，严重的还会轻生。

初二学生小明三天三夜没有上学也没有回家。父母四处寻找，终于在一家网吧里发现他，后把他带回家。对此，小明非但不感谢父母对他的关爱，反而动手殴打父母，并于当晚纵火烧毁了自家房屋，邻居也跟着遭殃。

16岁的中学生小郭特别喜欢到网吧去玩网络游戏，时间长了，学业荒废，成绩日趋下降。老师、家长对他批评的同时，采取措施阻止他到网吧去。始料未及，小郭对此想不通，在家中喝农药自杀，结束了他那短暂的生命，真令人惋惜。

上网成瘾，沉迷网吧，容易诱发青少年学生犯罪。有些未成年人为了筹集上网的费用，竟敢铤而走险，实施偷盗、诈骗、抢夺、抢劫作案。

未成年学生进网吧上互联网既违规又有害。而未成年学生在学校里或家中使用计算机上网学习有关知识，获取有益的信息，则是正当的行为。青少年学生上网必须处理好学习、休息和上网的关系，不得持续上网时间太长，不得影响学习和健康。另外，网上有垃圾、污物、陷阱，青少年上网必须做到：不要打开黄色网站，不要到主题具有色情和暴力意味的聊天室论坛去，不要到不清楚交友内容的交友网站去注册，更不要去滥发征友广告。网络世界的信息内容五花八门，真真假假，不要轻信一些网上的所谓奇遇。用QQ聊天，不要相信对方所谓的真情，也不要说出自己的真实情况（自己的电子信箱、电话、住址等资料），更不要轻易去与网友见面。如果自己认为是正当地与网友会面，也要征得父母的同意，最好能在父母陪同下去会面，绝不可擅自前往，否则是很危险的。

以牙还牙害人害己

青少年在日常生活、学习、工作、交往中，难免会发生彼此间的矛盾、纠纷，甚至受到对方的不法侵害。这时候，如果不能正确处理这些问题，依法保护自己，而是采取报复性"以牙还牙"的方法处置，就会造成害人害己的结果。

媒体报道，近日，苏州枫桥派出所通过缜密侦查，成功地将涉嫌强迫卖淫的网上逃犯田某抓获，令人惊讶的是嫌疑人田某竟是个90后女孩。这到底怎么一回事呢？

原来，2008年7月，当时年仅18岁的田某得知自己的男友栗某与一女子张某有不正当男女关系后，便怀恨在心，将张某带至苏州，采用殴打等方式强迫张某到苏州高新区一洗头房卖淫，并拍了张某的裸照，以此达到报复张某的目的，后因张某强烈反抗而未能得逞。

案发后，张某即到枫桥派出所报警。枫桥派出所及时出警，将田某抓获归案，时因田某怀有身孕，警方即对其采取取保候审。但之后，警方经多次传唤田某均未到案，警方遂将其进行网上追逃。目前，犯罪嫌疑人田某已被虎丘区人民检察院批准逮捕。

青少年朋友们，任何时候处理任何问题，都要依法办事，才能实现自我保护！

依法实施正当防卫

为了使公共利益、本人和他人的人身或其他权利免受正在进行的不法侵害，而对实施侵害的人所采取的必要的防卫行为，这就是正当防卫。例如，当杀人犯举刀砍向你时，你用铁棒将杀人犯打伤或打死；妇女为了免遭强暴而把犯罪分子打伤等，这些都是依法正当防卫。正当防卫是我们广大青少年在遭到犯罪分子不法侵害时进行自我保护的重要武器，大家要学会运用这一武器，在必要和可能时，用以保护自己人身和财物的安全。

方玉平是某中学高中二年级的学生，为人正直，嫉恶如仇。一天下午他放学回家，途中被一手持小刀的歹徒拦住去路，要他把钱交出来。小方随手将书包掷向歹徒，转向便跑。接着，他捡起路旁一根树棍，回头与歹徒展开搏斗。方玉平充分发挥自己手中树棍子长的优势，朝着歹徒猛击过去，将其打倒在地。后来，被击伤的歹徒在医院丧命。经公安机关调查，证实这名拦路打劫的歹徒曾多次作案。方玉平勇斗歹徒为民除害的事迹得到学校和见义勇为基金会的表彰和奖励。

青少年学生在进行正当防卫时必须注意两点：

第一，在犯罪分子没有威胁到自己生命安全的时候，不宜采取正当防卫，以免产生不良后果。即使在生命安全受到威胁的情况下实施正当防卫时，也要尽量采取巧妙的方法，讲究斗争艺术。因为少年儿童势单力薄，直接公开反抗很难取得成功。

第二，正当防卫给侵害者造成的损害要有一定的限度，超过这个限度，就会走向反面，可能受到法律的追究。为了防止出现这种情况，在实施

爱心小锦囊

正当防卫是法律赋予公民的一项权利，也是与犯罪行为作斗争的重要手段。公民对因实施正当防卫行为而给对方造成的伤害，不负法律责任。

正当防卫时需要做到：

（1）正当防卫必须是针对不法侵害行为实施的，如果对方只是口头威胁而没有行动，你就不能采取正当防卫。

（2）正当防卫必须是在不法侵害行为正在进行的过程中实施。若对方已停止不法侵害行为，自己不得继续采取正当防卫行为。

（3）正当防卫的目的是为了保卫公共、本人或者他人的合法权益。如果为了伤害对方而故意挑逗对方向自己进攻，然后再以此为借口来进行“防卫”，达到伤害对方的目的，这就不属于正当防卫，而是违法犯罪行为了。

人身保险

俗话说“天有不测风云,人有旦夕祸福”。千百年来无数事实反复印证了这句话。

人们渴望平安,特别是希望青少年学生健康成长。可是,灾害事故仍不时给人们造成伤害,构成威胁。

有什么办法能够帮助人们减少人身安全事故的发生,或在事故发生后减少、弥补损失呢?这就涉及人身保险问题了。青少年朋友对人身保险也许感到很陌生。其实,在你不经意中,人身保险已经进入了你的生活中。例如,当你乘上出租车或者长途汽车、火车、客轮、民航飞机等公共交通工具的时候,人身保险就已经为你张开了无形的保护伞。因为在每一张车、船、机票中都含有保险费,也就是说,买票的同时也就买了保险。

人身保险是以人的寿命和身体为保险对象的保险,是一种经济保障制度。它只是在参加保险的人发生死亡、伤残、疾病或到达一定年龄(期限)时,由保险公司给付一定的保险金,以保障投保者本人或他的家人的正常生活。

人身保险是当今世界普遍采用的保障措施。青少年学生以及他们的家长,可通过购买保险来获得经济保障,实现自我保护。

学生平安保险

青少年对周围的世界充满好奇心，他们好动，对什么该做、什么不该做有时不太了解，以致容易发生人身伤害事故。一旦出事，不仅给父母带来精神上的巨大痛苦，也给家庭经济造成损失。基于这样的情况，就应该考虑到学生的平安保险问题。

以学生为对象的“学生平安保险”已在全国各地开办。凡在校就读的学生，都可以参加这项保险，保险期限为 1 年；1 年以后，重新办理保险手续。在 1 年的保险期限内，参加保险的学生凡因爆炸、碰撞、触电、烫伤、烧伤、中毒、淹溺、窒息、交通事故、人兽袭击等一切意外事故而造成伤亡的，保险公司将根据伤残程度或死亡等有关情况，给付相应档次的保险金。

“学生平安保险”通常附加“意外伤害医疗保险”和“住院医疗保险”，这对家长来讲，又增加了他们的一份经济保障，不仅学生发生意外事故时可以获得更多的经济补偿，而且学生患病住院治疗时，家长也能得到一定金额的医疗保险补偿。

保险公司是参加保险的广大青少年人身安全的坚强后盾，青少年在保险期内患重病或者遇到人身伤害事故，就不会因为个人家庭经济困难而错过了最佳治疗时期。换句话讲，人身保险能够帮助不幸的投保青少年消除病痛，恢复健康。

某校女学生 A 家庭条件不佳，却不幸患上了心脏病。但是，幸运的是她所在的学校为全校学生办理了住院医疗保险。因此，A 家长得到了 12000 多元的医疗保险金。该学生经过心脏外科手术治疗，身体迅速康复，又回到了同学们中间。A 的家长深有感触地说：“在我家孩子生大病时，是保险公司帮助我们一家渡过了难关。”

居安思危早投保

保险采用互帮互助的形式。及时投保，办妥手续，按规定缴纳保险费,就能获得相应的保险保障。保险公司为了方便客户投保,除在各地设立分支机构供家长、学生直接投保外,还通过学校或其他有关单位协助办理投保手续。这样做简化手续,方便投保,每年续保时不会脱保、漏保。

某小学在新学期开始报名时,为小学生们代办了“学生平安保险”和“住院医疗保险”。开学第一天下午,在学校用餐的学生出现集体食物中毒症状。学校立即将学生们送往医院进行抢救治疗,并通知保险公司。经查,该学校的所有学生在开学报名时,就一起办妥了保险手续,这起事故发生在保险有效期内,属于保险责任,保险公司随即给付学生住院医疗费 1 万多元。

爱心小锦囊

学生保险,一般的保险时间都以 1 年为 1 个周期,到期续保。

人身保险时效性很强,错过了保险期限,保险责任就不能连续。上述案例如果保险期限耽误几天,保险公司就不能作出赔偿。我们经常讲,不怕一万,就怕万一。道理很简单,就是不能有麻痹侥幸心理。所以要及时参加保险,保险到期前要做好续保手续。

多保少保不一样

人身保险有一个特点,就是它不同于财产保险,因为“财产有价人无价”。所以,我们多投保一份人身保险,就多一份保障;多参加几种人身保险,保障的范围就会更宽。目前,保险公司为青少年学生设计的人身保险品种比较多,责任范围也比较广泛。通常学生保险的综合保障金额约 10 万元,其中包括人身意外保险、意外伤害医疗保险和疾病住院保险。现在经济发达地区生活水平提高很快，十几万元保险金额已不能满足需求，这就需要参加多项保险或者家庭成员都参加保险。

某校一个学生在学校擦窗时，不慎从楼上摔下，导致重伤。他参加了“学生平安保险”，保额5000元，保险公司根据伤残程度，给付保险金3500元。我们设想，如果他的平安保险的保额是5万元，那么他将获得35000元的保险金；假如他还参加了“意外伤害医疗保险”的话，那么他可用于康复治疗的钱就会充裕，家庭的负担也可以减轻许多了。

保险就是关爱自己

近年来，政府、社会倡导和呼吁用保险的办法来解决青少年学生安全和大病医疗问题，保险公司设计的保险品种也越来越多，使青少年学生得到了比较好的保险保障，产生了良好的社会效益。有人把学生保险称为“生命工程”。但是，我们也遗憾地看到，现在还有许多青少年学生及其家长由于不了解人身保险，或者心存侥幸而游离于“保险”这扇大门之外。其实，参加保险就是关爱自己。

参加过保险的人就有体会了：保险是花小钱保大钱。家长每天少花点钱，一年省下的钱，就足够给孩子买保险了。孩子多一份保险，家长就会少一份担心。

目前，学生、幼儿保险每年的保险费就几十元，综合保障在10万元左右。如果要提高保障水平，我们可以增加保险金额，或者在参加学生保险的同时，家庭成员再购买其他商业保险。这样，我们就构建了家庭安全保障体系，保险保障就更加充分可靠。当然，缴纳的保险费也会相应多一些。

保险赔偿

参加保险以后，如果发生保险事故，要尽快通知保险公司。出险不报案，等于不保险。

学生建平因煤气中毒住院抢救，几天后出院，支出了近千元的医疗费。建平就读的学校虽然为同学们投保了"学生平安保险"并附加了医疗保险，但是，煤气中毒是否属于保险责任，谁也吃不准，所以没有报案。时间一长，大家渐渐地把这件事淡忘了。后来，此事偶然被保险公司得知，马上立案调查，并为建平同学办好了索赔手续。当家长拿到保险公司赔偿的医疗费时，感叹地说："出险不报案，差点白保险。"

按照有关保险条款和法律规定，事故发生后在两年内不报案，视为自动放弃索赔权，保险公司可以不承担赔偿责任。上述事故好在没有超过两年期限就被保险公司发现，否则，建平同学就无法获得保险赔偿了。看来，参加保险后，投保者还须了解有关保险的保险责任，不管出了什么事故或者发生了什么问题，都应及时与保险公司联系，以免丧失自己应该享有的权益。

爱心小贴板

领取保险金通常由家长向保险公司提出书面申请，学校协助办理。保险公司收到事故、伤残、医疗证明、医疗费发票、病历、出院小结等有关资料，经调查核准后，书面通知家长到保险公司领取保险金。

保护自己也是保护他人

"保险"首先是自我保护，谁投保谁得益。家长、子女参加保险，整个家庭均能得益。学校如果为全体学生投了"学生平安保险"，那么在校学生也都会得益。保险又是"人人为我，我为人人，千家万户帮一家"的公共事业。参加人身保险，自己得到人身保障的同时，其实也在帮助其他出险的被保险人。当然，这由保险公司按照保险合同约定替我们做了。

2004年，某大学发现几名学生患有传染性肺结核，领导高度重视，很快地组织全校学生进行体检。结果表明，已有几十名学生被感染。后经住院隔离、消毒、治疗，所有感染的学生均被治愈。学校投保的保险公司为此支付疾病住院医疗费数十万元。可见，在这场与疾病的对抗中，不仅该大学全体同学都因投保而得到了安全保护，而且未出险的大多数同学又通过保险公司间接在经济上帮助了几十名出险的被保险的同学及时得到治疗。

现在，好多家长都投保了高额的人身保险，保险金额高达几十万元，甚至更高。一旦出险，保险公司就赔付高额保险金。这笔保险金，就是由所有参加这一保险的人所缴保险费汇集而来的。如果自己没有出险，但我们所缴纳的保险费由保险公司支付给了出险的家庭，这笔保险金就可以用来照料出险的被保险人，也可以用来保障其子女完成学业或帮助家里的老人安度晚年。可以说，每一笔保险金都体现了“人人为我，我为人人，千家万户帮一家”的保险原理。

当今，保险意识在人们的社会生活中日益普及。与青少年学生有关的保险，不仅家长出钱购买，学校也在考虑投保“校方责任保险”。学生在学校期间或者参加学校组织的活动时，如果发生意外，导致学生伤亡，学校有责任向学生或家长赔偿，而保险公司将会按“校方责任保险”合同再给学校补偿。显而易见，参加保险既是保护自己，也是帮助别人。

保险后更应讲安全

过去有人认为，参加保险就会太平无事，这是不对的。参加保险后，安全意识应该更强。避免无谓的事故和生命财产损失，这才是保险所追求的最高境界。

保险专家们在分析各种事故案例之后，得出了这样的一个结论：如果一个人在他的青少年时代接受过两个小时的安全教育，那么在他以后的人生道路上，将会避免一些灾祸的侵袭，减少事故对他的伤害，受益一辈子。

现在，保险部门在提供保险业务服务的同时，也把宣传安全知识和进行安全教育、提供安全咨询作为自己应尽的职责和义务。从这个角度看,“要安全,找保险”这句话的含义已经远远超出了经济保障、经济索赔的范畴,而成为社会安全系统的一个重要组成部分。青少年朋友们通过参加保险,不但可以得到保险保障,还可以从中了解社会,增强社会责任感,学到许多安全和自我保护知识。

急救、自救常识

在家庭生活或者外出、上学、体育锻炼中，都可能发生一些意外事故，青少年学生首先要增强安全意识，预防这些意外事故的发生。一旦发生意外事故，则要遇事不慌，及时报警、自救，力求避免产生严重后果。因此，青少年学生应该掌握必要的报警、自救常识和基本技能。

参加遇险逃生演练好

2011 年，“十一五”规划教育部重点课题《校外教育中培养未成年人自护能力的实践研究》落户苏州市沧浪区少年宫，这是广大青少年学习意外遇险逃生方法的好消息、好机会。

为了培养未成年人在遭遇地震、火灾、交通等灾害事故时能够正确面对意外危险，采取正确有效的方法进行报警求助和自救自护，避免、减少意外灾害事故造成的自我伤害，沧浪区少年宫内设立了模拟交通道路、地震科技馆、消防逃生馆等基地，组织广大青少年进行校外自护教育演练。通过教育演练，使得参加活动的青少年在火灾、地震、交通事故等意外危险降临之际，能够作出积极、正确的反应，做到勇敢面对，不哭、不乱跑，坚强、沉着不慌张,冷静、准确拨打求助、报警电话。

这种亲历自护教育演练活动,虽然开展时间不长,但已取得了良好的社会效果,参与演练的一些未成年人反应很好,切身感受很深,学到了危急情况下自我保护和逃生的具体方法。今后,这种自护教育演练会在全国各地陆续展开,广大青少年应该积极参加到这样的意外遇险、逃生演练中去,从理论上升到实践,记忆深刻,效果会更好。一旦真的火灾、地震、交通事故发生,身处其中的你就能有效地保护自身的安全。

准确及时报警

报警,就是在发生灾害或偷盗、抢劫等案件时,及时、准确地向消防部门、公安机关报告,提供准确信息,请求给予帮助。发生火灾时,如能及时、迅速、准确地报警,消防人员便能尽早赶到现场扑救,迅速消除火源,制止火势蔓延,从而减轻损失;发生偷盗、抢劫等案件时,如能及时、迅速、准确地报警,公安人员就可马上采取措施,勘查现场,获取线索,部署力量,围堵案犯,及时破案,打击犯罪,追回赃物。

究竟应该怎样报警呢?不同的警情有不同的报警方法,同样的警情发生在不同的地方,也因客观条件的不同而有不尽相同的报警方法。

第一,迅速准确地报火警,是灭火消灾的关键。发生火灾的家庭、单位若有电话或者火灾现场附近有电话的,应该用电话拨打“119”报火警。如果使用报警的电话是内线,别忘记拨外线号码(一般是“0”或“9”),待外线接通后,再拨“119”。如果是不能自动拨外线的电话,应请总机话务员转接外线,然后再拨“119”。

使用电话报火警时,要保持头脑清醒,沉着镇定,拨准电话号码。接通“119”后,说话要清楚,速度稍慢一点,咬音吐字要准确,能讲普通话的尽可能讲普通话。报警的内容必须清楚明白:火灾发生的地点(哪个区或者哪个乡镇、哪条街道、哪个胡同以及门牌号码,或者是哪个村、哪个组),火势的大小,燃烧的是什么东西。报警时讲明这些情况,有利于消防队及时有效地调集人员、器材、车辆,迅速出动。如果火警台值班的消防人员向你询问有关其他情况,应该准确、简要地一一回答。只有等到值班人员说“好了,知道了”或者说“再见”,才可挂断电话。接着应该马上派人或自己去主要路口等候消防车的到来。

爱心小锦囊

国家规定,消防队救火是不向失火的人家和单位收费的。因此,一旦发生火灾,不要有顾虑,应抓紧时间报警。

在火灾现场或者附近都没有电话的情况下,应迅速赶到有电话的地方去打电话报火警,或者直接到当地消防队派出所去报火警。当然,在火灾刚发生,火势不大的情况下,可以先向附近群众(邻居)求援,请他们帮助救火,然后再去报警。这样,可以控制火势蔓延,减少损失。

第二,发生了偷盗、抢劫等案件,请拨打“110”电话报警。现在,全国的公安机关都设立了“110”报警台,接受社会上偷盗、抢劫、凶杀等案件的被害人或知情者报警。

在拨通“110”报警电话后,应该清楚地报告案件发生的时间、地点和财物损失等情况。如果发生的是抢劫、凶杀案件,还要说明被害人有无受伤和抢劫犯的体貌特征、作案用具等情况,以便公安机关组织力量追缉案犯。如果没有电话,应尽快赶到当地派出所去报警,或者报告学校,由校方向公安机关报警。

报警后,要保护好案件发生的现场,不要让他人随意进入发案场地内,为公安人员前来勘查现场,获取破案线索提供条件。

“110”台还接受其他事故(如幼儿走失等)的报警。

第三，卫生部门设有“120”号电话，专为在家或在外的突发重病的和重伤事故患者提供及时救援。拨打“120”台也应口齿清楚地报告自己的姓名、伤病员姓名及所在地址和病情、伤势，以便救护车及时到达。

“119”“110”“120”三种报警台竭诚为广大群众提供无私的紧急救援。但是，严禁向上述三台谎报信息或开恶作剧的玩笑。否则，一经查明，是要受到惩处的。

煤气中毒的急救

煤气中毒又称急性一氧化碳中毒。不仅家中使用煤气不慎会导致中毒，而且在通风不良的室内烧煤球、煤炭，也会导致煤气中毒。

煤气中毒的症状分轻、中、重三种：

轻度中毒，会头痛、头昏、耳鸣、眼花、心悸、恶心、呕吐、软弱无力、站立不稳，以致意识模糊。轻度中毒者，只要及时脱离中毒环境，数小时后或到第二天，就可恢复健康。

中度中毒，也具有上面所说的各种症状，但更为严重：嘴唇、指甲呈樱桃色，面色潮红，多汗，甚至会昏迷。中度中毒者经过抢救，也可以清醒过来。

重度中毒，脸色苍白，四肢冰冷，进入深昏迷状态，有软瘫或痉挛现象，这种情况是极其危险的。

爱心小贴板

如果发现有人煤气中毒，首先要打开窗户使室内通风，把中毒的人迅速移到通风处，然后检查燃气灶具，关好开关。并要立即打电话给救护站或请邻居帮忙，把病人送往医院救治。如果是煤气管道损坏，还要通知煤气公司前来修理。

煤气中毒的抢救，关键在于迅速、及时。有的人发现亲人煤气中毒后，没有及时采取上述措施（最重要的是立刻把中毒者转移到通风处），而是先去忙着打电话找人，结果贻误了抢救时间。广西某单位女子浴室发生煤气中毒事故，先是为了男子应不应该进去抢救而犹豫、争论；进去抢救了，又先忙着为中毒者穿衣服，结果抢救者也中毒昏倒。等到把他们送进医院时，医生痛心地说："如果早5分钟送到，姑娘还有救。"所以，这种抢救工作尤须分秒必争，任何延误都意味着增加对生命的威胁！

食物中毒的急救

发生了食物中毒，最根本的急救方法是洗胃催吐。因为吃下去的有毒物质储存在胃里，唯有想方设法把它清除出来，或者让洗胃剂与有毒物质发生化学反应，使胃内毒物减低或失去毒性，才能使中毒的病人得救。

使用洗胃催吐方法解毒，关键是要选准、用好洗胃剂。在选用洗胃剂时，必须注意两点：一是不同的毒物要使用不同的洗胃剂，若洗胃剂使用不当，便会适得其反，使中毒程度加剧，甚至导致死亡。二是需要溶解后才能用于洗胃的物质，应掌握好溶解比例。否则，浓度过高也会事与愿违。例如，同样是因误食有机磷农药而中毒，但不同品种的有机磷农药就应使用不同的洗胃剂解毒。误食"敌敌畏"农药中毒，应使用2%～4%的碳酸氢钠（即小苏打药片）溶液作为洗胃液，或者把家庭中发面用的"起子"溶解后作为洗胃液。这两种洗胃液是碱性的，不仅可以清洗毒物，而且还能使毒液失去毒性。但是，如果是"敌百虫"遇到这两种物质后，能变成毒性更强的"敌敌畏"，所以，只能用低浓度的高锰酸钾溶液解毒。低浓度的高锰酸钾溶液是按1∶2000～1∶4000的比例配制的溶液，呈红色或淡紫色；如呈紫红色、紫色，就超过了所需浓度，须再兑水冲淡才能使用。过高浓度的高锰酸钾能腐蚀食道、胃黏膜，甚至引起高锰酸钾中毒，危及生命。低浓度的高锰酸钾溶液进入胃内与有机物相遇时即释放氧，能使之发生氧化，从而产生解毒作用。此外，它还具有杀菌作用，又能引起呕吐反射。

茶水是一种较好的、用途较广的洗胃剂，因为茶叶所含的鞣酸具有沉淀重金属、生物碱的作用。

米汤的适用症是误饮碘酒而引起的碘酒中毒。中毒者喝下米汤后，能立即催吐，呕吐物呈蓝色，这是米汤中的淀粉与碘发生化学反应而形成的化合物。必须让中毒者不断地喝米汤，直到呕吐物不变颜色为止，不可半途而废。

取生石灰一小块加水一桶，澄清后的上层清凉的液体（或用牙粉加水一杯）是含有钙盐的洗胃液，对氟、草酸盐类中毒有一定的解毒功效。因为钙与氟或草酸盐化合所形成的是不溶解的化合物，人体不易吸收，随后即可排出体外。

当发生一些腐蚀性较强的毒物所导致的中毒症状时，为保护食道和胃黏膜，可使用面糊、蛋清、豆浆、牛奶等洗胃。家中自制豆腐时若发生了误食卤水中毒的事故，服下豆浆，即在胃中形成豆腐，可以起到解毒作用。

如果在中毒现场没有上述洗胃剂，而且一时又不知道毒物的性质，那么，最好的洗胃液就是大量的清水或盐水（1% ~2% 的氯化钠溶液）。只要及早服用，立即催吐，都是有效的。万不可为了寻求洗胃剂或查明毒物而耽误了及时清洗胃内毒物的时间。另外还要注意，不管使用什么洗胃剂，溶液的温度都不能高，因为适宜的温热有催吐作用，而温度太高反而会促进人体对毒物的吸收。

爱心小锦囊

家庭中常备的茶水、米汤、石灰等，急需时也可用做洗胃剂。

中暑的急救

中暑一般有两种类型：

一种是虚脱型。先是感到有些心慌、恶心、头痛，还有呕吐、全身乏力、焦躁不安等症状；接着是头昏、眼花以致晕倒。这时，病人面色苍白，瞳孔放大、血压降低、神志不清。

另一种是高热型。在闷热的环境里，会突然发病，也可能在受热后数小时发病。这类中暑病人有疲乏、头痛、烦躁不安、神志错乱、昏睡、昏迷、不出汗等症状，还可能腹泻、呕吐或惊厥，必须紧急抢救，因为他们有可能在数分钟或数小时内因心力衰竭、肺水肿而死亡。

对虚脱型的中暑病人，要尽快移离现场，让他（她）静卧在阴凉和空气流通的地方；松解他（她）的衣服，给他（她）喝清凉饮料或淡盐水；已经昏迷的病人，要送往医院救治。

对高热型的中暑病人，要把他移置在凉爽通风的地方，脱去他（她）的衣服，用酒精擦抹身体或用冷水喷淋，如果有呼吸衰竭现象，要施行人工呼吸；同时，应尽快打电话或派人请救护站、救护车迅速送往医院急救。

电击伤的急救

触电又称“电击伤”，是人体接触电流或电弧所引起的损伤。人体意外触电，严重的当即死亡；较轻的，有时只在触电部位感到麻木，但也可以导致严重灼伤或死亡。

万一发生触电事故，该怎样实施急救呢？

首先要帮助触电者脱离电源。因为电流作用于人体时间越长，后果也越严重。但是，人触电后一般都会发生痉挛症状，使人体脱离不开电源体（电线、电气设备等）。此时，因为人体也会导电，所以，帮助触电者脱离电源，必须采用正确的方式方法：当触电者在室内时，应迅速拔掉电源插头或关闭电源开关（必要时可拉掉电闸刀，拔出保险丝盒）。如果触电者在室外，离电源开关较远,或无法切断电源,可用干燥的木棍、竹竿等不导电的东西挑开触电者身上的电线或电器。如果触电者倒在电线上,附近又无法找到电源控制装置,可用干的绳索或用干的衣服拧成带子,套在触电者身上,将他拉开。为防止自己也触电,有条件的应戴上绝缘手套,亦可在自己脚下垫上干燥的木板(隔断电流,不使它入地)。倘若一时难以使触电者与带电体分离开来(例如触电者的手紧握着带电体),可用干燥木板插进触电者的身体下边;或者用干绳索套在触电者的身上,把他往上吊离地面,从而断开电流入地的通路。如果必须把电源线的一端切断才能使触电者脱离电源,可用绝缘的胶把钳子或带有干燥木柄的刀、斧,自己站在干木板上或穿上绝缘鞋,小心地把电源线剪断或砍断。这时,要防备弄断的带电电线掉落到触电者身上,再次引起触电事故。如果触电者是在高压电气设备或载流导线上触电,应立即就近报告或打电话到变电站、配电所及有关电业部门,请求立即停电,自己不可贸然采取措施。

当触电者脱离电源后,应根据其不同情况分别采取不同的紧急救护措施:

(1) 假如触电者尚未失去知觉,还有呼吸和脉搏(心还在跳),只是在触电中一度昏迷,应尽快去请医生,或者设法把触电者送往附近医院救治。

(2) 假如触电者已失去知觉,但呼吸、心跳都没有停止,也须赶快送往附近的医院救治。若医院较远,应在通知医院派救护车来抢救的同时,将触电者放在平坦的、空气流通的地方,让他

爱心小锦囊

看见有人触电,千万不能用手去拉他,否则自己也会触电!

舒适安静地仰卧，并解开他的上衣和裤带（防止着凉），然后让他嗅阿摩尼亚（可用尿液代替）；可向触电者的身上洒些冷水（不要用嘴喷水），再摩擦他的全身，使它发热。一旦发现触电者呼吸困难，逐渐变弱，或者断续有痉挛现象出现，则应立即为他进行人工呼吸。

（3）假如触电者呼吸停止，心脏也停止跳动，急救人员应马上为他做人工呼吸。否则，触电者会很快死亡。

溺水的急救

人溺水后，常会因水进入呼吸道造成急性窒息而缺氧死亡。所以，在把溺水者救到岸上或船上后，要立即作俯卧式人工呼吸（至少要连续作15分钟，不能间断）。此前，应先为溺水者解开衣服，检查心音；为他取出口鼻内的异物并控出肺内的水，以保证呼吸道的畅通。

比较有效而便于操作的控水方法是：救护者一腿跪下，一腿屈膝向前，让救起的溺水者俯卧在自己屈腿的膝上，使溺水者的头部倒悬，以利于迅速控出肺内和胃内的水，同时用手压他的背做人工呼吸。这种方法对控水较为有效，但对人工呼吸并不是很有效，所以在控水后要尽快改用俯卧式对口式人工呼吸（要不间断地持续两三个小时，不可轻易放弃抢救）。

爱心小锦囊

急救后，要防止产生并发症。所以，必须将苏醒过来的溺水者送往医院。

掉进冰窖里的急救

寒冬腊月，人如果掉进结冰的河塘里，即使会游泳，也可能在几分钟内遇溺或者即使头仍浮在水面上，也会因惊恐而呼吸困难，因寒冷而四肢麻木。因此，对于掉进冰窖内的人，必须尽快援救，救治方法如下：

（1）切勿走到冰上救人，除非别无他法。即使走在冰上救人，也要谨防掉进冰窖里，救人不成反受害。

（2）找一根棍子，绑上绳子，从冰上向遇险者滑过去。如果无绳子，可把运动衫、头巾等衣服连起来做绳子。

（3）如果不能从岸边救助遇险者，应趴在冰上，以分散体重在冰面上的压力。

（4）小心地向前爬行，把棍子向前推，至遇险者能握住棍子，就不要再往前爬了。

（5）让遇险者把双手平伸在冰面上，向后踢腿，身体保持水平，这样可减少被水流冲到水底的危险，也较易爬上冰面。

（6）让遇险者一手抓住棍子或绳子，另一手打破前面的薄冰，直至到达足以支撑体重的厚冰，然后使劲拉他回到冰上。

（7）让遇险者像游泳那样踢腿，向前滑上冰面。如果助救者自己的位置不稳固，就不要抓住对方或不要让遇险者抓住自己，否则可能被他拉下水。

（8）滑到冰上后，让遇险者趴下来，然后把他拉到岸上。

（9）救助清醒的遇险者还有另一种方法，就是在两岸间拉一根绳子，让他自己双手抓住绳子，自行攀回岸边。

（10）如果是多人合力救助，但现场别无工具，可人与人连成一条人链。为首一人趴在冰

爱心小锦囊

如果你没有能力或没有办法救人时，千万不要冒险行动，应当呼救求援，请他人来帮忙。

上，向遇险者爬过去，第二个也趴下来，抓住前一个人的足踝，这样一个接一个，直至人链能从岸上安全地点接触到遇险者。

(11) 用一架轻便的梯子救助遇险者最易。趴在冰上，梯子平放于前，向遇难者推去；让遇险者爬上来，躺在梯子上，然后把梯子拉回岸边。

(12) 将落水者救上岸后，要迅速移动温暖处，替他换上干衣服，裹上毯子保暖。

毒蛇咬伤的急救

毒蛇人见人怕，尤其在山区和农村比较多见。毒蛇的头部一般呈三角形，被毒蛇咬一口往往可以致命。这是因为毒蛇咬人时，毒液由毒腺排出，通过毒牙注入人体，会引起人全身中毒。毒蛇的种类不同，它们所含毒素的成分也不尽相同。

万一被毒蛇咬伤，应该怎样急救呢？

毒蛇多在夜间活动，或藏身在隐蔽的地方。夏季夜间走山路或在农村田间行走，应该小心。

被毒蛇咬伤的部位，大都在脚部、小腿或手部。有时毒蛇栖息在树上，就有可能咬伤行人的头或面部，这比咬伤肢体更危险。

被毒蛇咬伤的伤口常有两个邻近的牙痕，被无毒的蛇咬伤，伤口则是锯齿形的。被毒蛇咬伤后，伤者很快会出现恶心呕吐、面色苍白、出汗、四肢发冷、呼吸缓慢和步态不稳等症状。

被毒蛇咬伤后，要争分夺秒地抢救。首先，要用止血带或其他代用品如手帕、绳索等，在被咬伤的肢体的上端(即接近心脏部位)进行缚扎，避免患肢含有毒素的血液回流到心脏；但不可扎得过紧，时间也不能太长，以免远端肢体坏死。然后，用手挤压伤口周围，时间也不能太长，尽量将毒液排出。急救时可以用口直接吸吮，只要嘴唇与口腔内没有创口，这样做是没有多大危险的，因为蛇毒是易被唾液及胰酶破坏的。口腔黏膜如有破损，就不能用口吸吮。

毒液排出后，再将患肢置放在4℃～7℃的冷水中，并解开止血带。水温不能低于4℃，以防冻伤。接着，用1∶5000的高锰酸钾溶液浸泡、冲洗创口，这样可以尽量减少人体对毒素的吸收。

被咬伤的肢体应尽量少动，行走要缓慢，切忌奔跑。要在短时间内将伤者送往医院进行抢救或作进一步处理。

爱心小贴板

目前药店里销售的蛇药片对防治毒蛇咬伤有一定疗效。如果晚间必须走山路，可以准备一些蛇药片带在身上。如被毒蛇咬伤，可根据说明服用药片，也可以把药溶成糊状，涂敷在伤口四周（要注意，伤口上不要涂），然后尽快到医院救治。

烧伤的急救

烧伤的种类很多：高温（如火焰、沸水、蒸汽、灼热的金属）、化学物质（如强酸、强碱）、电流、放射线等，都可以引起软组织烧伤。烧伤的原因不一样，救护的方法也不尽相同。

烧伤的严重程度，医学上叫“烧伤深度”，通常是用“三度四分法”来估计烧伤深度和烧伤面积的：

Ⅰ度烧伤：损伤仅仅及于表皮层，有轻度的红肿，伤者感到热、痛，一般没有水泡出现。

浅Ⅱ度烧伤：损伤达到了真皮的浅层，有水泡出现，有剧烈的疼痛感，感觉过敏，泡皮剥脱后基底潮湿红润。

深Ⅱ度灼伤：损伤达到了真皮的深层，有水泡出现，也可能不出现水泡。伤者痛感迟钝。泡皮剥脱后基底湿润苍白。

Ⅲ度烧伤：损伤累及皮肤全层、皮下组织、肌肉以及骨骼等。外观呈皮革状，灰白、蜡黄或者炭黑色。伤者痛觉消失。

人体总面积Ⅱ度烧伤在10%以下（儿童5%以下）的，属于轻度烧伤。人体总面积有11% ~30%的Ⅱ度烧伤或有10%以下的Ⅲ度烧伤,就属于中度烧伤了(儿童身体总面积有5% ~15%的Ⅱ度烧伤或者有5%以下的Ⅲ度烧伤为中度烧伤)。人体总面积有31% ~50%的Ⅱ度烧伤或者10% ~20%的Ⅲ度烧伤属于重度烧伤。有的烧伤面积虽然不到30%,但是遍及全身,情况较重,并发休克,或者呼吸道烧伤严重,也属于重度烧伤。

介绍这些知识,对烧伤的救护是有帮助的。比如:火烧伤,伤者应迅速离开现场并采用各种办法灭火。被烧者应尽快脱去着火的衣服,假如无法尽快脱去衣服,就要迅速卧倒,就地翻滚,压灭火焰;一般可用水浸、水淋,切勿奔跑、呼喊,以免助长燃烧或者引起呼吸道烧伤。扑灭火焰后,面积不大的肢体烧伤可以用冷水浸泡,这样可以减轻疼痛。同时,要送医院作进一步治疗。

如果是沸水、蒸汽烫伤,要赶快把湿衣服脱掉,肢体可以浸在冷水里面,以减轻疼痛。创面上可以用干净的床单或被单包裹,面积小的可以用干净毛巾包裹,再送医院治疗。

对化学药品引起的烧伤,因化学药品性质的区别而有不同的对策:被强碱烧伤的,可以用大量清水或加上1% ~2%的醋酸冲洗创面。如果是被强酸烧伤,则应用大量清水或者加上3% ~5%的碳酸氢钠冲洗创面。如果是被生石灰烧伤,要先把石灰粉粒去尽(不能用水洗),然后再用大量清水冲洗。被磷烧伤的,最好浸泡在清水中清洗,这样可把磷颗粒除掉,然后将创面用湿布或湿纱布包扎起来;要注意,切忌在创面上使用油质敷料、药膏,也不能暴露创面。

冻伤的急救

人体冻伤因严寒而造成,所以急救冻伤的原则无疑是保暖复温,应将冻伤者迅速转移到温暖的室内。因为冻伤者体温明显下降,肌肉僵硬,所以在移动时动作要柔和轻巧,以免造成伤者肢体扭伤或折断。

给冻伤者复温，一般采用缓慢复温法，即将伤者身上已经冻结的衣服脱去或剪去，然后裹上厚实的被服，并在被服里安放几个热水袋，置于其颈部、肘窝、大腿根部，以暖和身体。但是，热水袋的温度不要过高，防止烫伤。一旦热水袋温度降低，就要及时更换。待伤者神志逐渐清醒后，可适当喂一些温热的糖茶水、姜糖水或牛奶等饮料。有条件的可服用一些温通血脉的中草药和适量的葡萄酒。缓慢复温法比较安全可靠，但复温的过程较长。

如果冻伤者的体格健壮，而且客观救治条件许可，不妨采取快速复温法救治。具体的做法是：把冻伤者放在40℃～42℃的温水中（切忌水温太高），轻轻地按摩其肢体。等到冻伤者的体温恢复正常后10分钟左右，再将其身体擦干，用棉被包好，继续保温。

爱心小锦囊

在严寒环境中造成的严重冻伤，如抢救不及时或不得法，将会导致受冻人员残废或死亡。

刀伤的急救

被刀或其他锐器割伤，伤口流血如果血色鲜红，流速较快，那就是动脉出血，一定要尽快止住。否则，出血过多会危及生命。如果血色暗红，则是静脉出血，也应尽快止住。如整个创面都浸血，那是毛细血管出血，症状较轻，可以直接敷药（如“红药水”）包扎。

对较严重的刀伤实行急救，首先要及时而有效地止血。作为自我急救或家人、同学间的急救，只能在现场采用暂时止血法先止血，然后再移送医院。

暂时止血法中最常用的是加压包扎法，就

是先用纱布之类敷料盖住伤口,再用绷带紧紧包扎。这对一般小血管和毛细血管出血都是有效的。如果没有绷带,也可以用清洁的布带代替。

还有一种指压法,就是在出血血管接近心脏的一端,用手指极力压迫,以达到止血目的。这种方法对某些出血部位如颜面和颈部、上肢和下肢,较为有效。颈部出血可在胸锁乳突肌的内侧将颈动脉朝着第六颈椎横突压迫;颜面出血可在下颌骨前 1.5 厘米处压迫面动脉。如果是上肢出血,依据出血部位的不同,可以在锁骨上凹、胸锁乳突肌外缘,对第一肋骨压迫锁骨下动脉,或者在上臂内侧,对肱骨压迫肱动脉。下肢出血,可依照出血部位分别在腹股沟韧带中点、腘窝(膝部后面)及踝关节前后方压迫股动脉、腘动脉及胫前胫后动脉。要注意,指压止血法适用于较大动脉的出血,它虽是简便有效的急救措施,但不能持久。如果对血管所在部位把握不准,当然效果也不会好。

暂时止血法中还有一种屈肢法,这是一种利用关节的极度屈曲以压迫血管而达到止血目的的方法。例如,前臂或小腿出血,可以在肘窝或腘窝放一个棉垫,再使关节极度屈曲,然后在小腿与大腿或前臂与上臂,用绷带呈“8”字形捆住。

如果是四肢中的大血管破裂,出血急剧,或者用其他止血法急救无效的,可以用止血带止血。使用这种止血法要准备一根 1 米长的橡皮管作为止血带(没有橡皮管也可以用布带、绳索、三角巾或毛巾代替)。止血带必须用在患肢伤口的近心端,也就是肘关节以下的伤口应该把止血

爱心小锦囊

不论用哪种止血法,如出血较多,都要在作紧急救护后将伤者及时送医院作进一步处理,千万不要耽误有效的治疗时间。

带用在上臂部位，膝以下的伤口要把止血带用在大腿部位。选定使用止血带的部位后，要在这个部位上先包两层布。如果临时找不到，可以用单衣代替，这样可以保护皮肤和神经不致勒伤。然后拿着橡皮管中段的两端，边拉紧边将橡皮管绕肢体两周，再打结。上止血带前要注意，先抬高患肢 2 ~ 3 分钟，以增加静脉血管向心脏回流；上止血带的部位不要距出血点太远，免得更多的组织缺血。上止血带后每隔 30 ~ 60 分钟要松开一次。

犬咬伤的急救

人如果被狗咬伤，最可怕的后果就是染上狂犬病。应该指出的是，被猫或其他家养宠物咬伤、抓伤，都有可能染上狂犬病。

狂犬病毒进入人体后潜伏期很长，可以有 4 ~ 8 星期，也有长达 1 年甚至 10 年以上的。发病时，已经愈合的伤口部位会出现发痒、麻木或疼痛的感觉，或者病人会出现痉挛。症状常表现为兴奋烦躁，对外界的刺激极为敏感，轻轻触动或微风吹过，都可以引起咽肌和辅助呼吸肌痉挛，病人相当痛苦。狂犬病发病时有一个特征：恐水。不论是饮水、见水或是听见水声，甚至听说饮水，都可以引起咽肌痉挛。但是在发病的早期，恐水现象是不明显的。另外的症状是多汗、心率增加、血压增高、唾液分泌增多且有流涎。

狂犬病患者发病 3 ~ 5 天后进入麻痹期。这时痉挛发作停止，肢体软瘫，呼吸微弱或不规则，血压下降，感觉减退，反射消失，随之因全身衰竭

爱心小锦囊

怎样预防狂犬病呢？最好的办法当然是少接触狗、猫及其他家养宠物。

而死亡。病程一般不超过6天,最多也只在10天左右。

上面说的是狂犬病发病的典型病症,不典型的症状没有恐水现象,而表现为伤口疼痛,有高热、头痛、呕吐,肌肉瘫痪。

万一被狗咬了,先要处理好伤口——可以立即用清水或肥皂水反复彻底清洗伤口,再用70%酒精或碘酒消毒(要注意,伤口不宜包扎),然后再到医院或卫生防疫站去接种狂犬病疫苗。如果咬人的犬猫等已被捕获,它们没有狂犬病现象,受伤的人可以暂缓接种狂犬病疫苗,但要把捕获的犬猫等交给兽医拘禁,严密观察15天,如有狂犬病症状出现,则伤员应立即进行疫苗接种。如果咬人的犬猫等已出现狂犬病症状,或所在地区已发现狂犬,则伤员在被咬后应立即接种狂犬病疫苗。

有人被犬猫等咬了之后,怀疑自己可能得了狂犬病,因而出现兴奋和恐水现象,但不怕风,也不发热,不流涎,经过暗示治疗或说服后,通常会迅速恢复正常。这在医学上称为"类狂犬病性癔病"。

关节扭伤的急救

关节扭伤时不要马上按摩推拿。因为刚扭伤的关节周围的肌纤维、韧带和毛细血管可能已损伤破裂,马上按摩推拿扭伤的关节,会使更多的血液从血管中流出,以致包肿扩大,伤势加重。

正确的急救方法是:将扭伤的关节立即浸入5℃～10℃的冷水中,或用毛巾冷敷,促使毛细血管发生反射性收缩,并需抬高扭伤关节的体位,限制它运动,使患部血流量减少,防止包肿继续扩大。等到两三天后,毛细血管损伤愈合、血液不再外渗,再进行按摩推拿,以促进受伤部位的血液循环,加速炎症消退。这时还可以适当运用活血药物和热敷来增强疗效。

牛角顶伤的急救

牛身上常带有大量细菌,所以当人被牛角顶伤后,很容易感染疾病。

牛角顶伤的特点是:外面伤口小,而伤道延伸长。有的外表无伤口,但内脏已损伤。所以,一旦被牛角顶伤,不仅要察看局部伤势,而且要观察伤者整体情况,注意判别是否有内脏损伤。如果局部疼痛厉害,不能活动,则可能是骨折;如果伤者脸色苍白,腹部伴有剧烈疼痛,就可能是内脏破裂出血,应尽快送医院急救。如果内脏已经脱出体外,切不可用手将它推回腹腔,以免引起严重的细菌感染。应该用干净的脸盆或大碗,经酒精擦拭消毒后,覆盖内脏加以保护,使它不再受到污染,然后迅速送医院救治。

异物入眼的急救

眼睛里的角膜是一层脆弱而透明的薄膜,它的中间厚度为 0.8 毫米,周边厚度为 1 毫米,内部没有血管,但神经相当密集。俗话说:“眼睛里容不得半粒沙子。”当灰沙、铁屑等异物进入眼睛后,透明的角膜就会受到损伤,以致出现灰白色的薄翳或者遗留铁锈,影响视力。如果伤眼引起感染发炎,或者异物陷进眼球里边,后果就更加严重。所以,平时必须保护好自己的眼睛。风沙大的天气最好戴上护目镜。

异物侵入眼睛,一般黏附在角膜的表面,只要用手拉起上眼皮,异物往往便会随眼泪流出来。如果异物不能流出,可用干净柔软的棉花(最好是医用棉花)轻轻地把异物擦掉;亦可用眼药水、硼酸水冲掉。倘若异物附在眼皮里面,则应把眼皮翻开来擦洗。

爱心小锦囊

不管在什么情况下,异物进入眼中都不得用脏手揉擦或用不洁净的物件随意挑拨,因为这样容易引起眼睛感染发炎,造成更不好的后果。

假如采用以上方法仍旧无效，则表明异物嵌得较深，应请眼科医生诊治。

鱼刺鲠喉的急救

俗话说："骨鲠在喉，一吐为快。"可见鱼刺鲠喉是十分难受的。

防止鱼刺鲠喉，吃鱼时就应尽量少讲话。因为边吃边讲会影响咀嚼动作，就容易使鱼刺在咽喉部鲠住。轻的，鱼刺鲠在扁桃体上，张开嘴巴能够看得见，可用镊子取出；重的，鱼刺鲠在舌根部或喉咙口的会厌部周围，不易看到，须请医生用异物钳钳取；最严重的是鱼刺鲠在食管里，根本看不到，得用 X 射线透视检查治疗，既痛苦又麻烦。

爱心小锦囊

用香饭、喝醋等方法来解决鱼刺鲠喉问题，不是一种好方法，不宜采用。

体温表断在嘴里的急救

量体温时如不慎将嘴里的体温表咬碎，咽下了少量的玻璃碴，可以随即吞咽上一些面包之类的食物。这样，玻璃随食物进到胃里，然后能随大便排出。

如果吞下体温表里的水银，因为金属汞不溶解于胃肠液，它的比重又大，进入胃肠容易随粪便排出，所以一般情况下是不会导致汞中毒的。再说体温表中的水银量很小，目前还未发现因此而中毒的事故。但是，吞下水银后需要观察大便以及其他生理状况，因为金属汞倘若长时间排不出体外，容易在体内形成有毒化合物，被人体吸收后会导致中毒。

撞伤后的急救

人被自行车、摩托车或汽车撞倒后，很容易造成头部、胸腹部和四肢的伤害。其急救方法要视具体情况而定。

脑震荡是闭合性颅脑损伤中最轻的一种，其特点是脑部受暴力作用后，颅骨无损，而中枢神经系统受到了“震荡”。从外表看，头部一般没有明显伤痕，只是受伤者一时神志恍惚或昏迷，大约持续几分钟，最多不超过30分钟就清醒了。但是，这时他对受伤的过程回忆不起来，也讲不清楚，只是感到头晕、头痛，有的还有恶心、呕吐的症状。车撞后如有头部外伤，应迅速使伤者取平卧体位或将头部稍垫高，就近将其送往技术条件好的医院治疗。伤者若是开放性骨折，在送医院之前，要用干净的纱布保护好受伤的部位，以免加重污染。

车撞导致胸部创伤的，要将伤者取半卧体位，以减轻肺内充血，随后尽快转送医院治疗。如果伤者感到上腹部持续疼痛并不断加重，咳嗽、深呼吸时疼痛更为显著，手压腹部，不但腹部骨肉紧张得像一块硬板，而且疼痛得难以忍受，那么，就应该考虑到可能是腹内脏器破裂出血（肝、脾破裂较为多见）。这时，应速送医院诊治；医疗时不可简单地注射止痛药物了事，以免疼痛止住后掩盖了伤势，延误正确诊断。

车祸发生后，若伤者的四肢、脊柱、骨盆等部位疼痛得厉害，哪怕没有明显外伤，也应该考虑到骨折的可能性，不能让伤者做任何活动，也不能在伤痛处进行按摩，更不能搀扶伤者试着行走。否则，容易使伤势加重。脊柱骨折者有可能引起瘫痪，所以在将疑为脊柱骨折者送往医院就诊时，应使用木板或其他硬板担架，平稳轻巧地运送。一般骨折最好加以简易夹板（可用树枝等代替），然后送往医院。

人工呼吸急救法

当伤病者呼吸停止，心脏仍在跳动或刚停止跳动时，用人工的方法使空气出入肺脏，以供应人体组织所需要的氧气，这种方法称为人工呼吸法。它常应用于窒息、煤气中毒、药物中毒、呼吸肌麻痹、溺水及触电等事故的急救。

爱心小贴板

保持呼吸道畅通是人工呼吸成功的关键。施行人工呼吸前，应先解开病人的领扣、领带、紧身的衣服和裤带；清除口腔内的异物、血块、黏液和呕吐物；有活动假牙者必须取下假牙；迅速解除昏迷病人的舌下坠（可一手托起颈部，另一手将额部压向后方，使头后仰，再上托下颌或用拇指钩住下齿，提起颏部；亦可用手帕或布片包手，将病人的舌头拉出口腔外）。

常用的人工呼吸法有以下几种：

（1）口对口人工呼吸法：适用于呼吸道无阻塞的病人。具体方法是将病人下颌托起，捏住鼻孔，急救者深吸气后，紧贴病人的口用力将空气吹入。当看到病人的前胸壁扩张时即停止吹气，并迅速离开紧贴的口部，让其胸廓自行弹回而呼出空气。重复上述动作，每分钟20次左右。口对口人工呼吸法是最常用和最有效的人工呼吸急救方法。若病人牙关紧闭不能撬开，或口腔有严重损伤，或病人嘴过大，则可改用“口对鼻人工呼吸法”（用一手闭住病人的口，以自己的口对病人的鼻吹气）。

使用上述方法吹入的气体是急救者呼出的，其中含有16%～18%的氧气，每次能吹入1000～1500毫升气体，因此在紧急抢救时，此法已能提供患者生命所需的氧气浓度。

（2）仰卧压胸法：适用于一般的窒息病人，不适用于同时需要做心脏按压者或胸部有外伤者。具体方法是病人仰卧，腰背部垫上枕头，使胸部抬高，上肢放在身体两侧，头转向一侧。急救者跪跨在病人大腿两侧，两手掌贴在病人下胸部两侧，拇指向内，其余四指向外，向胸部上后方用力压迫，将空气压出肺脏，然后放松，让胸廓自行弹回而吸入空气。如此有节奏地按压，每分钟20次左右。

俯卧压背法：适用于溺水者的急救。具体方法是病人俯卧，腹部垫以枕头，使头向下略低，面部转向一侧，一臂伸直，另一臂弯曲垫在头下，防止口鼻触地。急救者跪跨在病人大腿两侧，将手如仰卧压胸法一样，放在病人两侧背部下方，用力压迫和放松。如此动作，每分钟20次左右。

采用人工呼吸急救法时，操作不可间断，不要轻易放弃抢救，直到病人自主呼吸恢复或结合其他症状，证明病人确实无法挽救时，方可停止急救。

爱心小锦囊

采用压胸或压背法人工呼吸时，不要用力过猛，以防肋骨骨折。

胸外心脏按压法急救

胸外心脏按压是发生心跳骤停时依靠外力挤压心脏来暂时维持心脏排送血液功能的一种方法。

当发现病人心脏停跳时，立即在患者心前区胸骨体上急速叩击2～3次，若无效，则立即施行胸外心脏按压。具体做法是：先让患者仰卧，背部垫上一块硬木板，或者将患者连床褥移到地上。操作者跪在患者身旁，另一只手的手掌根部放在患者胸膛骨体的中、下三分之一交界处，另一只手重叠于前一只手的手背上，两肘伸直，借操作者的体重，急促向下压迫胸骨，使其下陷3厘米（对于儿童患者，所施力量要适当减轻），然后放松，使胸骨复位，如此反复进行，每分钟70～80次。按摩时不可用力过大或部位不当，以免引起肋骨骨折。

爱心小锦囊

胸外心脏按压不能有效地进行气体交换，因此要同时配合人工呼吸。

家中失火时的急救

家中一旦失火，火势处在初始阶段时，可以使用灭火器灭火，或用脸盆、提桶等取水灭火。若是电器起火，应先关闭电源，然后扑救灭火。如果火势较严重自行灭火已不可能时，应立即呼救报警，然后再回来扑救。一般来说，少年儿童单身在家失火时，应该首先报警，因为他们灭火不但难以成功，而且容易导致人身伤亡的严重后果。

家住楼房的青少年学生，一旦遇到家中或邻居家失火，而且火势较大，就应该想方设法逃生，不要东躲西藏，不要贪恋财物，且不乘电梯逃生。即使无法逃生，也不要惊慌，应呼救求援。白天可以大声疾呼，并挥动一些颜色艳丽的衣物，如红领巾、红围巾、花衬衣等，以引起救援人员的注意，还可以不停地向窗外扔一些软质的小东西，如枕头、棉衣等，引导别人注意你的存在，获得救援。如果是晚上，可以用打手电筒发光、敲击脸盆或一些能发出很大响声的物品等方式发出救援信号。与此同时，迅速采取防火等措施，如关闭门窗，向门窗上浇水，以延缓火势蔓延。

私营企业老板王某自建了一幢两层楼的小别墅。1995 年 9 月 3 日上午，王家厨房突然煤气失火，熊熊火势迅速蔓延开来，吓坏了王妻。她赶紧奔到楼上去救床上的幼儿。结果，母女双双倒毙在楼梯口。因为王妻逃出厨房时没有关门，以致上升的热气和浓烟将她和幼儿熏倒，窒息死亡。

王家的不幸告诉我们，失火逃生必须掌握正确的方法。如果王妻在逃出厨房时把门关上，把火灾产生的热气和浓烟暂时闷在厨房内，再从楼上窗口向外呼救，或者设法从窗口逃生（如用结实的绳索一头系在窗子上，另一头垂于窗外，人顺着绳索滑下地面；若有梯子，可将梯子置于窗外，人从梯子上下到地面……），那么，她和幼儿就能得救了。

遇到同住一幢大楼的其他人家失火，逃生的方法又不相同。据消防部门统计，葬身大楼住宅火窟的人员中，有四分之三是住在楼上的。因为大火一旦蔓延,800℃ ~1000℃的热气和烟气很快会弥漫楼房的过道,许多不懂得逃生方法的楼上居民,往往打开家门从楼梯过道逃生,于是他们就被弥漫于过道的高温热气和废气夺去了生命。

楼上居民应采取的正确逃生方法是:首先在室内摸一下过道门的上端,如果已经发热发烫,说明外面过道已充满了致命的热气、烟气,绝不能开门从楼梯逃生,而应该让门关着,从窗口寻求生路,或者向窗外呼救。即使门的上端不烫,开门逃生也要小心:应先用身体或脚把门顶住,以便情况不妙能即刻关门,再把手掌放在门顶横缝处,然后将门开启一条缝,若是觉得门上有压力或有热气冲到手上,须赶紧关门,另找逃生出路;若开门无浓烟和热气袭击,则迅速从楼梯过道逃生。

爱心小贴板

当火灾形成的烟火把你围困在楼上自己的住宅内,没有其他办法逃生时,千万不要随便跳楼,而应该先采取自我保护措施,如用水浸湿毯子、被褥或厚窗帘等物品,将其遮盖在身上,尤其要包好头部,最好能用湿毛巾或布蒙住口鼻,然后再取低姿势从过道向外冲(因热气和烟气向上,相对来讲地面温度较上层空间稍低),这样受伤的可能性要小得多。万一衣服着火,应及时就地打滚,用身体将火压灭。

地震时的逃生急救

地震是一种自然灾害,对人类危害很大。学会地震逃生方法,可以大大减少地震的危害。

最好的地震逃生方法是学会观察地震到来前的先兆,采取预防措施。动物对地震特别敏感,震前常常出现异常反应。例如:牛羊骡马不肯进圈,老鼠搬家往洞外逃,鸡乱飞,猪拱圈,鸽子惊飞,兔子蹦跳,鸭子不下水,狗狂叫,鱼在水中乱跳等。一旦发现动物上述反常动态或者接到地震部门的预报，应该赶快逃出屋外，跑到附近没有大树、没有水泥电线杆、没有高层建筑或围墙的空旷地带去。在逃生时，最好用脸盆、脚桶、木板等物保护好自己的头部，以防击伤。

如果地震已经来临，来不及逃出屋外，可以立刻蹲到楼梯板下，或者躲进衣柜或桌子底下，因为这些器具能够支撑相当大的压力，即使房屋塌下，也会因有这些器物遮挡而减轻伤害。当躲藏起来之后，还应密切注视地震情况的变化，沉着冷静，随机应变，保护好自己。

燃气泄漏时的急救

家里使用燃气的居民，如果遇到了燃气泄漏等事故，可能下意识的一个想法就是拨打电话报修。但是这样的做法非常危险，燃气泄漏时拨打电话极易产生静电火花，最终引发爆炸。

消防专家表示，如果市民发现燃气泄漏，应该立即关闭气源阀门，迅速打开门窗通风换气，疏散人员。动作要尽量轻缓，避免金属猛烈摩擦产生火花，引发爆炸。发生燃气泄漏时，千万不要开启或关闭任何电气设备，不要打开抽油烟机，不要按门铃。室内人员可以到户外安全的地方拨打报修电话或110，以防发生意外。阀门处有火焰的，应该迅速用浸湿毛巾、被褥、衣物扑压，并立即关闭液化气罐阀门。

爱心小贴板

居民在燃气具使用完毕的时候，要及时关闭气源的总开关，如果家中长期没有人居住，应检查家中所有燃气阀门是否关闭，并给物业公司或者房管部门留下联系方式。天然气、液化气灶具和燃气热水器都有一定的报废年限，居民使用过程中一定要查看使用年限。除此以外，链接燃气的软管每18个月也需要更换一次。

电梯困人时的求救

在乘坐电梯的时候，遇到电梯突然停运，很多被关在电梯内的人员都会第一时间想办法去扒开电梯的门，以求尽快能爬出去。但是这样的做法是错误的。

消防专家表示，电梯突然停运时，如果乘客扒门而出，一旦电梯突然开动，后果将不堪设想。大家如果发现电梯速度不正常时，应两腿微微弯曲，上身向前倾斜，应对可能受到的冲击。这时，被困人员一定要保持冷静，可以通过电梯内警铃、对讲机或者电话求救，如果报警无效，可大声呼叫或者间歇性拍打电梯门。发生地震、火灾、电梯进水等紧急情况，千万不能使用电梯，应改用应急通道或楼梯。

爱心小贴板

现实生活中，大部分人在遭遇电梯故障的时候，都会感到异常惊慌。其实，电梯困人是一种保护状态，而不是危险状态，一般不会有窒息的危险。所以，被困在电梯中的居民(乘客)不必恐慌，应沉着应对等待救援。

车辆发生事故时的自救

我们乘坐的车辆一旦发生侧翻、落水、起火等交通事故，乘客应当沉着冷静，根据不同的情况，采取正确的自救逃生的方法，避免、减轻受到的人身伤害。

(1) 被困车内时的自救方法。

一般来说，校车和公共汽车上都安装有 4 个逃生锤，分别架在车子两侧车窗玻璃之间。车辆一旦侧翻变形，车门是打不开的，车内的人应当使用逃生锤或者其他坚硬物砸穿车窗玻璃逃生。使用时，应当用逃生锤尖锐的一端先朝车辆两侧的玻璃的 4 个角敲去(车前挡风玻璃是砸不穿的)。玻璃裂开后，再用脚踢或者其他硬物继续砸，直至玻璃破碎，人从中逃生。如果找(拿)不到逃生锤，可以用皮鞋的鞋跟或者大钥匙等尖锐的硬物敲砸车窗玻璃逃生。

(2) 车辆落水后的自救方法。

车辆落水过程中，都是车头先入水。逃生应该尽量从车辆后座的车窗逃生。如果车子有天窗的，可以选择砸碎或者推开天窗逃生。车辆落水后，车门一般是打不开的。如果水不深，应当在车子没有全部淹没时，先将面部贴近车顶，确保呼吸畅通，等到车子稳定后，水不再上升时，再设法砸窗或开窗逃生。

(3) 车内起火时的自救方法。

车辆一旦发生火灾，应当利用车载灭火器自救，并打开车门疏散逃生。如果车内火势封住车门，但火势还不大时，可以用衣物、书包蒙住头部、挡住口鼻逃下车去，避免高温空气吸入口腔、鼻腔，造成烟火灼伤上呼吸道，同时也避免车上灭火器喷射的灭火剂污染头面部。车上失火逃生时，千万不要奔跑，尤其是在烟雾和明火越来越大的情况下，以防奔跑加速空气对流，导致引火烧身。万一身上着火，应将着火衣服脱掉，或在地上翻滚，压灭身上的火焰。

歹徒强行入门时的自救

所谓强行入门，指的是企图入室的人在遭到拒绝后，采用破门、插片、开锁等手段闯入室内。从法律角度讲，这种行为侵犯了公民的居住权，是违法的。强行入门的人必定“来者不善”，往往图谋实施行凶、抢劫、强奸等犯罪行为。学会对付强行入室者的方法，可以减轻甚至避免歹徒的不法侵害。

遇到有人强行入室时，对策大致有三种：

(1) 呼救求援。家中有电话的，应迅速拨打“110”电话报警。万一电话坏了，也应佯装打通电话的样子，讲话救援。歹徒见状，常会吓得逃跑。家中无电话的，可以向窗外大声呼喊“救命”“抓坏人”。这样，既可以震慑罪犯，又可以招来“救兵”，捕捉歹徒。家住平房又有后门的学生，遇到歹徒强行入室，可以悄悄地从后门出去报警，或向邻居告急求援。

(2) 奋起自卫。如果你家的木门开着，防盗门关着，在歹徒破门、插片、开锁的时候，可用木棒、铁棍从防盗门内往门外捅歹徒，或者用开水往门外浇泼，阻止歹徒强行入室。若是歹徒已经强行进入室内，应抓住家中可以用做防卫工具的物件奋起反击，保护自身安全。同时大声呼救，争取外援，并在心理上给歹徒造成压力，尽可能迫使他逃走。

(3) 智斗罪犯。这种方法，对于年纪小的同学和女同学来说，特别适用。

一天下午，孙文娴同学在家做作业，听到有人敲门。她大声问："谁呀!"对方只是催她开门，不肯通报自己的姓名。孙文娴又问："你来干什么?"对方气势汹汹地说："快开门，进来告诉你。"并用脚踢门。小孙心想，这陌生人进来绝没好事，灵机一动，她朝里边房间大声叫喊："爸爸，你快起床，有人敲门。"孙文娴耍的这个"空城计"果然见效，门外的陌生人悄悄地溜走了。当天晚上，孙文娴爸爸下班回家后，带着女儿到派出所报告了这一可疑情况。没多久，这个陌生敲门人在别处图谋不轨时落入了法网。经公安机关审查，这个名叫郑雄的罪犯曾采用这种"敲门问路，强行入室"的伎俩实施抢劫、强奸，先后作案5次。

爱心小锦囊

"空城计"是智斗强行入室歹徒的一种好方法，但在使用时一定要镇定自若，不能被对方看出破绽。

路遇歹徒时的自救

青少年学生单身在外，遇上的歹徒形形色色。有的以钱财为目标，敲诈勒索或者实施抢劫；有的耍流氓，甚至实施强奸。不管遇上什么样的歹徒，

爱心小锦囊

女同学体力单薄，万一途中遇上歹徒，更要讲究斗争艺术，尽量以“智取”的方式使自己摆脱困境。

我们都应沉着机灵，巧妙地对付，先稳住对方，以寻求脱身之术，力求避免人身受到伤害。

一个星期天的上午，初三学生陈一清去公园游玩，路上被两个小流氓抓住，要他留下“买路钱”。小陈的钱放在内衣袋里，他佯称没有带钱，并说：“不信你们可以搜身”。果然，两个小流氓动起手来。陈一清在看清了他们骑的一辆自行车的牌照号码后，突然大叫一声：“警察来了！”两个小流氓一听，吓得拔腿就跑。陈一清向派出所报了案。派出所根据自行车牌照号码追踪调查，两个多次拦路敲诈勒索的小流氓不久便被捉拿归案。

俗话说，做贼心虚。做坏事的人，别看他表面上气势汹汹，实际上他们是心虚胆怯的。我们要善于应对，用言语震慑或者感化对方，寻求他人帮助或者自行脱险之计，使歹徒的作案企图不能得逞。反之，一味退让或者强力反抗，不但于事无补，还会助长歹徒的恶意，带来更大的危害后果。

燃放鞭炮受伤后的自救

烟花爆竹的主要成分是火药和可燃性金属粉末，引燃后会产生较大的热量和冲击力，可造成热烧伤和爆震伤。

受伤早期一定要迅速降低损伤处的组织温度，用凉水冲洗，冰块、冻肉冷敷等方法处理，以减轻肿胀，防止损伤加重。

冷敷后要进行局部消毒，如有破损，要赶快到正规医院就近治疗。对于头、耳、眼、鼻、面部损伤，不可掉以轻心，均应到医院接受检查治疗，以免贻误治疗时机。